令人大開眼界的
趣味魚圖鑑

作者／松浦啓一

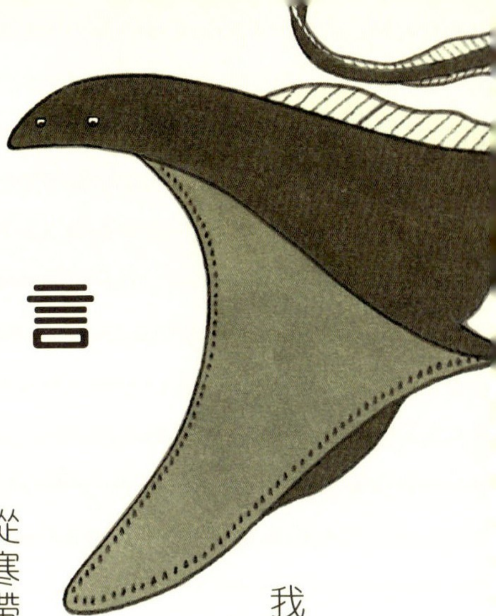

前言

我所居住的日本，或是距離不遠的台灣，都擁有十分豐富的海洋資源，在我們周遭海域生活的魚種，佔全球魚類總數13％，可以說是「魚類大國」。以日本來說，多樣化的生態環境，從寒帶流冰的北海道到熱帶珊瑚的沖繩都涵蓋其中。在這樣得天獨厚的海洋環境裡，有超過四千種魚類棲息，而在這本書中出場的，便是這些悠游在我們周遭的魚群，牠們有各式各樣、截然不同的樣貌、生活環境與習性。

從人類的角度來看，魚的行為有時荒謬得可愛，有時卻也殘酷得令人倒抽一口氣。甚至還有像詐欺犯一樣冒充其他魚的身分，以欺騙同類維生的存在。本書將從人類的視角出發，介紹不同魚類的習性和生態。也就是說，書中介紹的每一條「魚」從「人」的角度來看可能會非常的奇特，有時候這些魚會讓人感到很疑惑「怎麼會做這麼蠢的事？」或「為什麼乖乖被別人利用？」但看著牠們努

力生存的樣子，可能也會讓我們不禁連想到自己，而浮現出淡淡的感嘆。

書中將以幽默的插圖描繪這些魚的模樣，希望能讓大家以更有趣味的方式認識這些魚。此外，為了幫助大家更了解這些魚平時生活在哪些地方，我們也附上了分布圖，並介紹在哪些水族館可以實際觀察到這些魚（在繁體中文版中，也由台灣出版社加上了當地資訊）。那麼，就邀請你一起進入本書，盡情享受魚兒們充滿驚奇、不可思議的世界吧！

松浦啓一

水中魚兒的千變萬化

魚兒要在充滿挑戰的大自然中活下去，需要做出很多努力和改變。因此，每種魚的長相都大不相同，牠們的繁衍行為和生活型態也千奇百怪。看到魚兒在水中努力生存的樣子，不僅讓人感到十分敬佩，有時也會有點心疼。讓我們跟著松浦老師，一起探索生活在不同的水域中，讓人好哭又好笑的可愛魚兒吧！

每天都為了生存
不停奮鬥，
有時還會充當
海藻田農夫！

海中魚兒的食物種類非常廣泛，包含浮游生物、磷蝦、貝類等，也會有魚吃各種不同的海藻維生。然而，生活在沖繩珊瑚礁裡的黑高身雀鯛兩耳不聞窗外事，只專注、精心地培育著一種海藻。

不管是對人類而言，
還是對魚類來說，
尋找伴侶
和繁衍後代
都非常困難！

白點窄額魨是我在奄美大島發現的新物種。牠們的雄性為了吸引雌性產卵會打造超過2公尺的巢穴，而如果巢穴不夠受歡迎，會完全無法吸引雌性的目光。

「演化」

這件事，可不只有

帥氣的一面哦！

演化總是有好有壞。例如身披堅硬鱗片，擁有一流防禦力的日本松毬魚，卻沒辦法輕鬆自如地游泳。

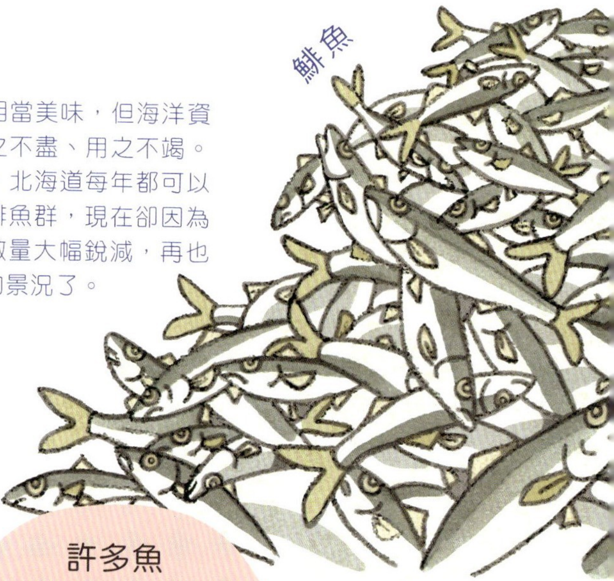

魚類雖然相當美味，但海洋資源並非取之不盡、用之不竭。曾幾何時，北海道每年都可以看見大批鯡魚群，現在卻因為捕撈過度數量大幅銳減，再也沒有從前的景況了。

了解更多魚兒令人敬佩又令人心疼的那一面之後，就能更愛護魚群了吧！

許多魚

因為人類

而面臨

悲慘命運

這件事我們

應該要銘記於心

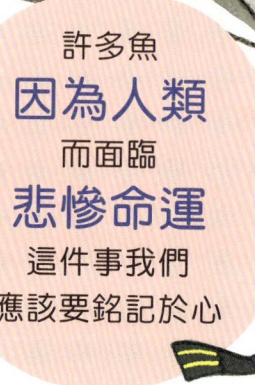

目次

第1章 魚兒們充滿刺激的冒險日常

第2章 魚兒們傳宗接代的育兒大作戰

第3章 魚兒們為了生存的怪奇演化

第4章 魚兒們和人類間的愛恨情仇

設計師●若井夏澄（tri）

最喜歡的魚是黑鰭副葉鰕虎！

插圖師●齋藤あずみ

最喜歡的魚是伸口魚！

魚類學家的特別講座

本書的使用方法

許多生物圖鑑的介紹順序，是依照「界門綱目科屬種」來排列的，但為了展示各種魚兒的獨特個性，本書並不會按照這樣的順序介紹。看這本書時，即便只是隨意地翻開，任何一頁都能讓你認識一隻或奇怪或有趣的魚，希望大家能從中得到樂趣！

❷ 生物放大境

魚兒的樣貌、特徵和有趣生態將會用照片或插圖深入探討。除此之外，松浦老師珍貴的閒談也是必讀！

❶ 學名

根據國際法規訂定，用拉丁語表示的世界通用生物名稱。

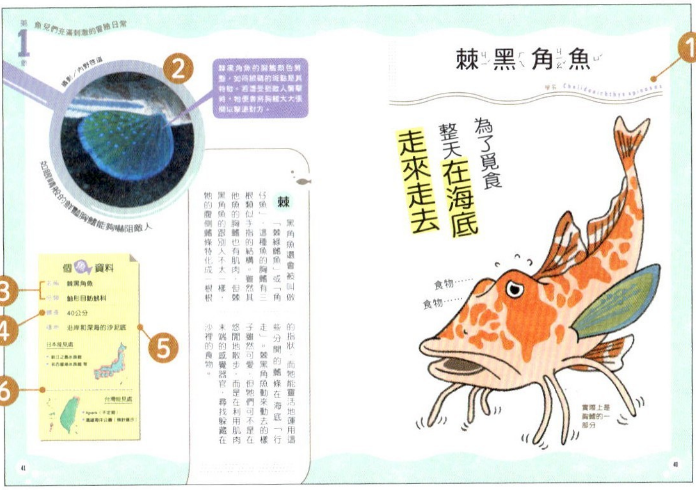

- 沿岸……指陸地旁的相對較淺的區域
- 近海……漁船可以在2到3天內來回的海域
- 外海……指遠離陸地的區域，如太平洋和大西洋等
- 淺海……水深200公尺以內的區域
- 深海……指水深超過200公尺的區域
- 珊瑚礁……由造礁珊瑚體長時間積累形成，廣泛分佈於溫暖澄澈的海域
- 岩礁……水中隱藏著的岩石
- 沙泥底……指由細小沙粒或泥濘組成的海底區域
- 河川／湖泊／沼澤……不含鹽分的水域（這裡棲息著淡水魚）

❸ 名稱／分類

這本書中使用的名稱是正式中文名稱。分類則是物種之間的分類。

❹ 體型大小

成魚（已經長到最後型態的魚）的體長以及全長（體長與全長的測量方式參閱54頁）。

❺ 棲地

說明該魚類喜歡棲息的水域。

❻ 能見處

此處為日本與台灣的分布地圖（日本包含琉球群島；台灣包含金門、馬祖，部分離島僅以文字標示）。紅線為此魚種大致分布區域（棲地為海域時標示在島嶼外圍；棲地為河川、湖泊、沼澤等淡水時標示在島嶼內）。

＊水族館展出資訊皆為本書出版前的資訊。最新的展出狀況以館內為主。

第1章

魚兒們充滿刺激的冒險日常

布ㄅㄨˋ氏ㄕˋ黏ㄋㄧㄢˊ盲ㄇㄤˊ鰻ㄇㄢˊ

學名：*Eptatretus burgeri*

先把**身體打結**
才能奮力地
撕咬食物

防禦和攻擊都能派上用場的大量黏液

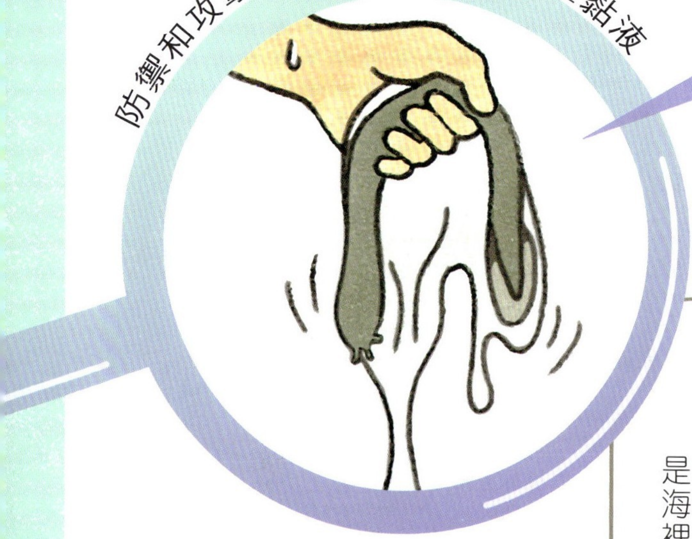

當感覺到危險或獵物靠近時，牠們會分泌出大量的黏液，甚至會讓靠近的生物因為無法呼吸窒息而死。

布氏黏盲鰻其實是一種與鰻魚毫無關係的原始魚類，也被叫做「無目鰻」或「鰻背」等。牠們生活在接近海底的地方，雖然沒有下顎，但會用長在舌頭上的牙齒進食，主要的食物是海裡面死掉的魚。黏盲鰻吃東西的時候，會將食物的鱗片或表面先削掉跟刮掉，有時也會把頭直接伸進食物裡咬食。牠們會扭曲自己的身體，形成一個結纏在食物上，以此作為支點拉扯頭部、撕咬肉食。這種進食方式非常令人驚訝呢！

個魚資料

名稱：布氏黏盲鰻

分類：盲鰻目盲鰻科

全長：60公分

棲地：沿岸到近海的深海

日本能見處

- 下田海中水族館 等

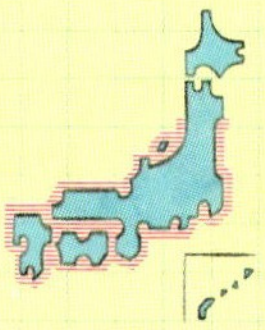

台灣能見處

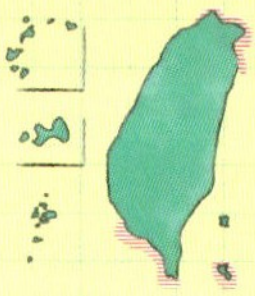

寬ㄎㄨㄢ咽ㄧㄢ魚ㄩˊ

學名：Eurypharynx pelecanoides

下巴可以張大到頭部的
約三分之二

雖然嘴巴超級大
卻幾乎只能
吃得到
小小的食物

寬咽魚生活在黑暗和寒冷的深海世界中。與淺海相比，深海的生物數量非常少，所以寬咽魚要遇到食物也非常地不容易。正是因為如此，一旦幸運地找到了食物，就絕對不能放過，這就是為什麼牠們的嘴非常大，即使是大型的獵物也可以吃下。因為擁有這麼巨大的嘴巴，他們有「吞鰻」、「巨口鰻」、「吞噬鰻」等的別名。但令人遺憾的是，大大的嘴巴很少找到能夠填滿的食物，事實上，寬咽魚大部分時間能吃到的東西，還是小型的甲殼類。

個魚資料

名稱：寬咽魚

分類：囊鰓鰻目寬咽魚科

全長：75公分

棲地：深海

日本能見處

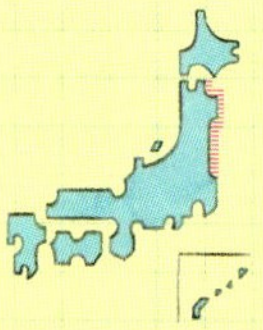

台灣能見處

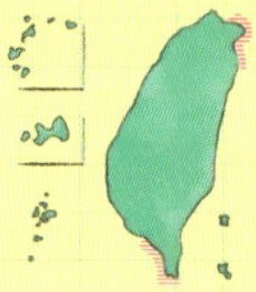

張開的袋狀嘴巴是不是跟鵜鶘超像呢？

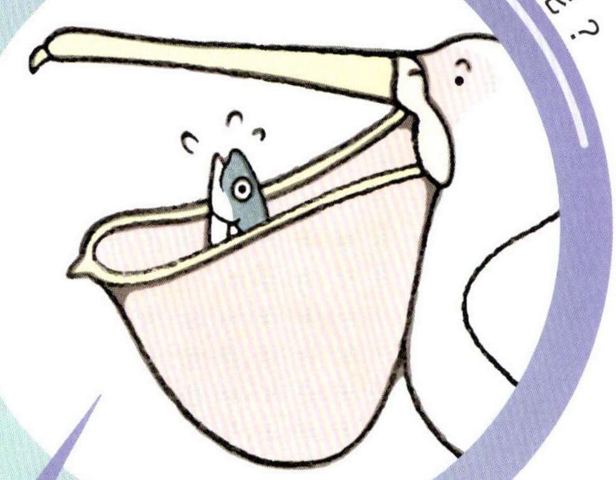

大大張開的嘴巴跟鵜鶘很像，因此牠們也被稱為「鵜鶘鰻」，也就是長得跟鵜鶘很像的鰻魚。

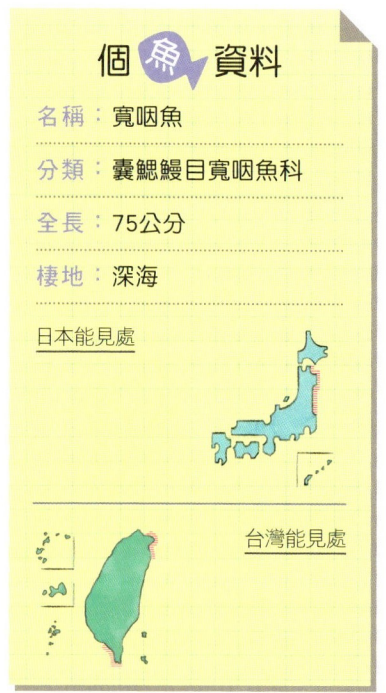

鯉魚

學名：*Cyprinus carpio*

一旦受了傷 同伴們就會全部離牠而去

鯉魚是一種生活在流速緩慢的河流、下游、湖泊或沼澤的淡水魚，也會被叫做「歐亞鯉」、「鮘仔」或「在來鯉」。由於牠們的生存環境有很多泥沙，常常因為水質混濁而導致視線不佳，看不到食物或敵人的身影。因此鯉魚僅能透過遠方傳來的氣味和聲音，來辨別敵人的接近和食物的位置。不過當真正的危險來臨時，鯉魚也有警示同伴的非常手段，如果牠們因為受到攻擊而受傷，身體表面會釋放出一種有毒的警告物質，雖然受傷的鯉魚會因此傷上加毒，但卻能讓同伴馬上意識到危險並逃跑。

個魚資料

名稱：鯉魚

分類：鯉形目鯉科

體長：40公分

棲地：河川中下游、湖泊、池塘

日本能見處

- 青森縣營淺蟲水族館
- 埼玉水族館 等

台灣能見處

- 國立海洋科技博物館
- Xpark 等

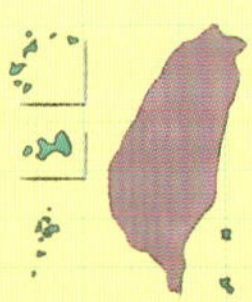

喉嚨裡有能夠壓碎貝殼的咽頭齒。

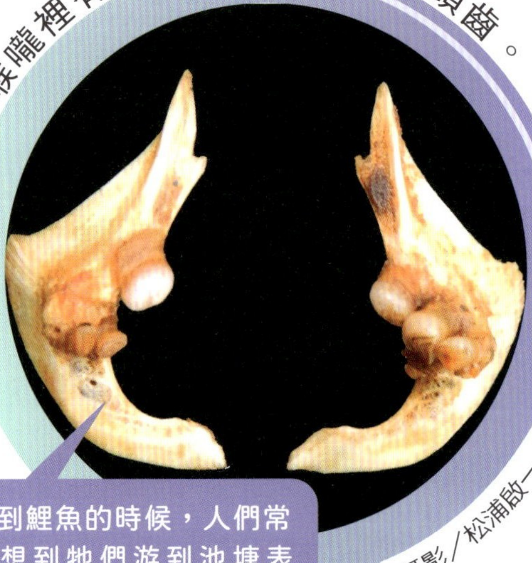

攝影／松浦啟一

提到鯉魚的時候，人們常會想到牠們游到池塘表面，張開柔軟嘴巴的形象。但實際上，牠們喉嚨深處有著大型的牙齒。

佐ㄗㄨㄛˋ上ㄕㄤˋ細ㄒㄧˋ隱ㄧㄣˇ魚ㄩˊ

學名：*Encheliophis sagamianus*

把海參的屁屁當成自己的家

有時候一隻海參身上，會有兩隻以上的隱魚住在裡面

個魚資料

名稱：佐上細隱魚

分類：鼬魚目隱魚科

體長：20公分

棲地：淺海（海參類動物體內）

日本能見處

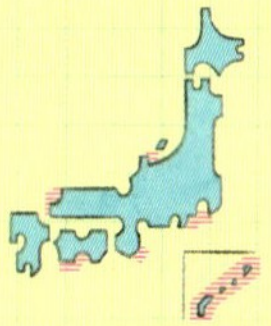

台灣能見處

佐

上細隱魚確實是魚沒錯，但卻住在海參和海星等生物的排泄管道中，牠們會從這些生物的肛門或口腔進入，只有在進食時才會暫時回到大海之中。這種行為十分奇特，但海參體內是不會受到敵人威脅的安全地帶喔！牠們的綽號有「佐上細潛魚」、「密星隱魚」和「隱魚」等。

無ㄨˊ溝ㄍㄡ雙ㄕㄨㄤ髻ㄐㄧˋ鯊ㄕㄚ

學名：*Sphyrna mokarran*

翻來翻去 就是不願意 直直地前進

個魚資料

名稱	無溝雙髻鯊
分類	真鯊目雙髻鯊科
全長	最大6公尺，通常為3.5公尺以下
棲地	沿岸至外海的岩礁及沙泥底

日本能見處

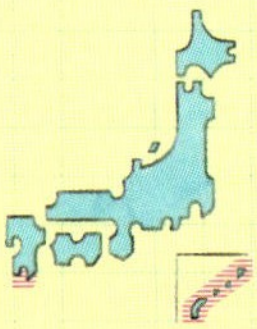

台灣能見處

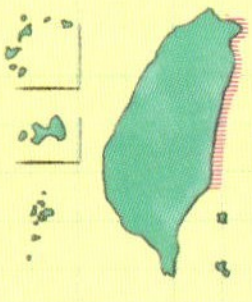

無溝雙髻鯊也會被叫做「犛頭沙」或「八鰭丫髻鮫」。牠們的身體會傾斜60度游泳，每5～10分鐘後會再反過來，用另一邊傾斜游泳。無溝雙髻鯊會不斷重複這個過程，大概有90%的時間都在傾斜著游泳。儘管用這樣的方式游泳看起來有點困難，但在進行模擬研究後發現，這樣游泳對牠們來說會更有效率。

絲ㄙ鰭ㄑㄧˊ硬ㄧㄥˋ頭ㄊㄡˊ鰕ㄒㄧㄚ虎ㄏㄨˇ

學名：*Stonogobiops nematodes*

向槍蝦房東繳納海藻租金的優質房客

眼睛周圍是黃色
一直以來謝謝你
房東──斑節槍蝦

也可能會看到第三名室友：絲尾凹尾塘鱧

在更高的地方游泳的絲尾凹尾塘鱧夫婦，有時會加入絲鰭硬頭鰕虎和槍蝦一起生活。牠們通常會共同使用最多可以容納5條魚的巢穴。

絲鰭硬頭鰕虎會棲息在槍蝦挖的洞穴中。跟硬頭鰕虎相比，槍蝦生活在洞穴比較深處的地方，平常槍蝦會將觸角貼在硬頭鰕虎的身上。如果有敵人接近洞穴，絲鰭硬頭鰕虎就會擺動身體，向槍蝦發送信號，因此絲鰭硬頭鰕虎被稱為「守衛」。此外，牠們也會不辭辛勞地將採集到的海藻送給槍蝦作為食物，也許是因為牠們借住在別人挖的洞穴中，所以自覺要繳納租金吧！他們有「斑節鰕虎」等的別名。

個魚資料

名稱：絲鰭硬頭鰕虎

分類：鱸形目鰕虎科

體長：5公分

棲地：珊瑚礁、岩礁

日本能見處

● 陽光水族館（不定期）等

台灣能見處

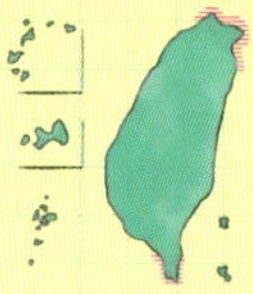

金黃突額隆頭魚

學名：*Bodianus reticulatus*

金黃突額隆頭魚又被叫做「瘤鯛」，牠們棲息在岩礁中，喉嚨裡長著一顆大牙齒，能夠輕易地咬碎堅硬的貝殼。雄性的頭部有著一個大大突額，就像牠們的名字一樣。

金黃突額隆頭魚的雄性會和多個雌性進行繁殖，但在繁殖季節，雄性之間為了爭奪雌性，經常展開對決。對決時牠們會用力張大嘴巴威嚇對手，有時候時間會拖得很長，但一旦對決開始了，牠們就必須一直保持張開嘴巴的姿勢，否則就算是認輸。雖然牠們努力對決的模樣另人敬佩，但也讓人有點擔心，畢竟這樣感覺下巴真的很痠。

在爭奪地盤時有時會陷入膠著

個魚資料

名稱：金黃突額隆頭魚

分類：鱸形目隆頭魚科

體長：1公尺

棲地：岩礁

日本能見處

- 鴨川海洋世界
- 陽光水族館 等

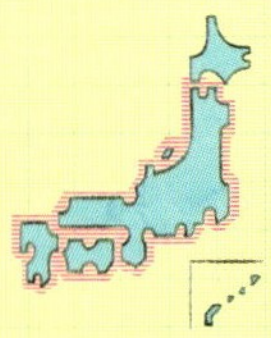

台灣能見處

- 國立海洋生物博物館

＊台灣海域無分布

幼魚時是全然不同的姿態

體長僅8公分的幼魚，可愛的樣貌上擁有如同熱帶魚一般的白色線條。隨著幼魚成長，突額也會漸漸變大。

黃(ㄏㄨㄤˊ)線(ㄒㄧㄢˋ)狹(ㄒㄧㄚˊ)鱈(ㄒㄩㄝˇ)

學名：*Gadus chalcogramma*

背鰭有3個
臀鰭有2個
媽、媽媽……

看起來好好吃喔～

胃裡有三分之一是自己與同伴的孩子

居住在寒冷海域的黃線狹鱈，又被稱作「圓鱈」或「阿拉斯加鱈魚」。雖然大部分黃線狹鱈是以大海中成群結隊的磷蝦跟糠蝦為食，但位於北極附近的白令海的黃線狹鱈也會同類相食。檢查了被捕獲的黃線狹鱈後發現，牠們胃裡的食物竟然有高達36%是同類的幼魚或稚魚。

個魚資料

名稱：黃線狹鱈

分類：鱈形目鱈科

體長：80公分

棲地：沿岸到近海的岩礁

日本能見處

- 青森縣淺蟲水族館
- 新潟市水族館Marinepia日本海
- 登別海洋公園尼克斯 等

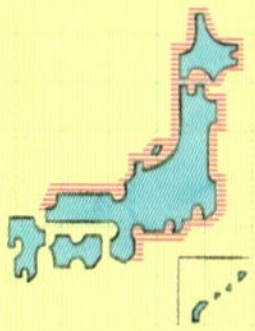

台灣能見處

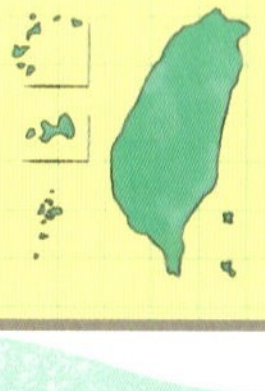

＊台灣海域無分布

花（ㄏㄨㄚ）斑（ㄅㄢ）擬（ㄋㄧˇ）鱗（ㄌㄧㄣˊ）魨（ㄊㄨㄣˊ）

學名：*Balistoides conspicillum*

努力躲進珊瑚礁　尾巴卻總是露出來

花斑擬鱗魨的別名有「圓斑擬鱗魨」、「小丑砲彈」等。牠們在遭受敵人襲擊時會躲進珊瑚的裂縫中，用背鰭和腹鰭上的棘作為防禦，避免自己被拖出去。雖然身體後方一覽無遺，「藏頭露尾」的樣子看起來也有點好笑，但因為牠的鱗片十分堅硬，所以可以不用擔心。

個魚資料

名稱：花斑擬鱗魨

分類：魨形目鱗魨科

體長：43公分

棲地：珊瑚礁、岩礁

日本能見處

- 市立下關水族館 海響館 等

台灣能見處

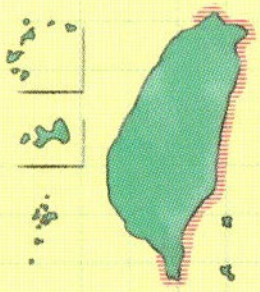

- 亞太水族中心
- 金車水產養殖研發中心
- 國立海洋生物博物館 等

琉球柱頜針魚

學名：*Strongylura incisa*

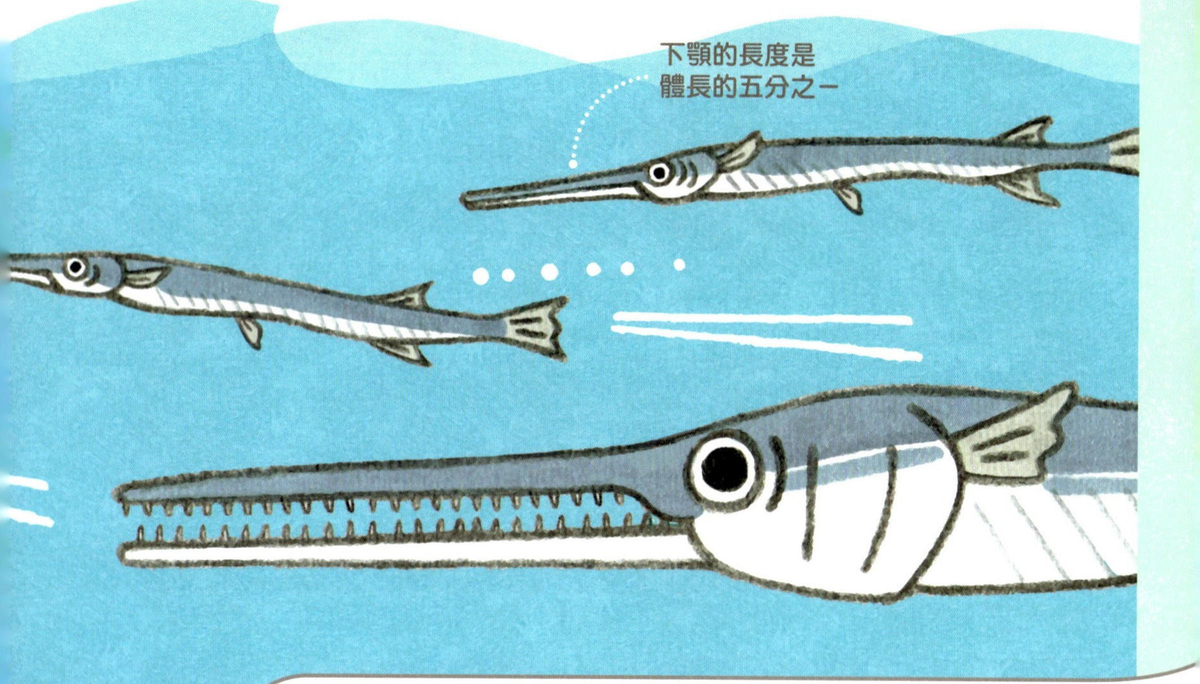
下顎的長度是
體長的五分之一

琉球柱頜針魚又叫「鶴鱵」。頜針魚類的體長通常為80至90公分，屬於大型魚類。牠們的下顎很長，兩側還長有許多鋒利的牙齒。這種魚類非常兇猛，牠們很善於利用自己長長的下顎和鋒利的牙齒，可以在瞬間捕捉並吞食小型魚。

然而，牠們引以為傲、平常很實用的長下顎，有時也會導致悲劇的發生。頜針魚類在受驚或興奮時，有猛烈衝刺的習慣，有傳聞說牠們曾經控制不住地衝向木製小船，導致船被刺穿，造成人員傷亡。

想要暴衝的心情
誰都不能阻擋

個魚資料

名稱：琉球柱頜針魚

分類：鶴鱵目鶴鱵科

體長：70公分

棲地：珊瑚礁

日本能見處

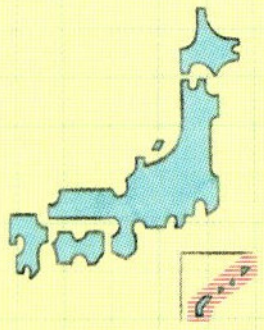

台灣能見處

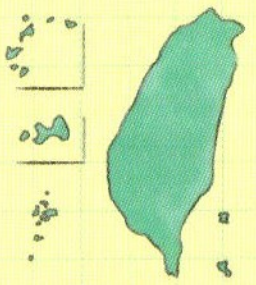

*台灣海域無分布

魚類學家閒談

對於潛水員來說，頜針魚類可能比鯊魚更危險。特別是在珊瑚礁海域夜潛時要格外小心。牠們有朝光源衝刺的習性，當潛水燈照射到水面時，頜針魚類可能會衝向並刺進潛水員的頭部或身體，因此傷亡的人可是不在少數呢。

粒(ㄌㄧˋ)突(ㄊㄨˊ)箱(ㄒㄧㄤ)鲀(ㄊㄨㄣˊ)

學名：*Ostracion cubicum*

自己下的毒 最後卻毒到自己

即使從海中被捕撈上岸，在桶子中仍相當危險

粒突箱魨受到強烈的刺激時，會從皮膚表面釋放毒液，防禦可能的敵人並保護自己。牠們的幼魚身體被包覆在帶有許多黑點的板狀鮮黃色骨頭（由鱗片特化成的骨板）中，外觀非常鮮豔。粒突箱魨是水族館的明星魚種，也深受熱帶魚愛好者的喜愛，還因為其鮮豔的外型有個可愛的別名叫「金木瓜」。但若與其他魚混養，牠們可能會釋放毒液，導致水族箱內的其他魚全部死亡，進而造成悲劇。儘管毒液是用來保護自己的，但在狹窄的水族箱內釋放毒液，也可能導致粒突箱魨自身的死亡。

個魚資料

名稱：粒突箱魨

分類：魨形目箱魨科

體長：38公分

棲地：珊瑚礁、岩礁

日本能見處

●市立下關水族館海響館 等

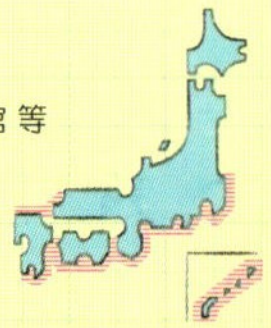

台灣能見處

●遠雄海洋公園
●國立海洋生物博物館 等

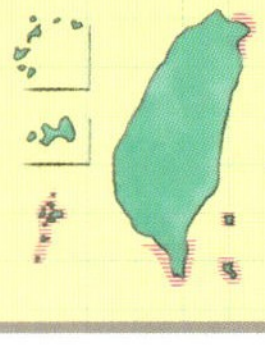

箱魨的骨頭，竟然是完美的容器？！

長崎、五島列島的名產「河豚煮（かっとっぽ）」是以粒突箱魨的內臟為材料、以粒突箱魨的身體當作器皿的佳餚。由於箱魨身體受骨板覆蓋，因此受熱也不會變形。

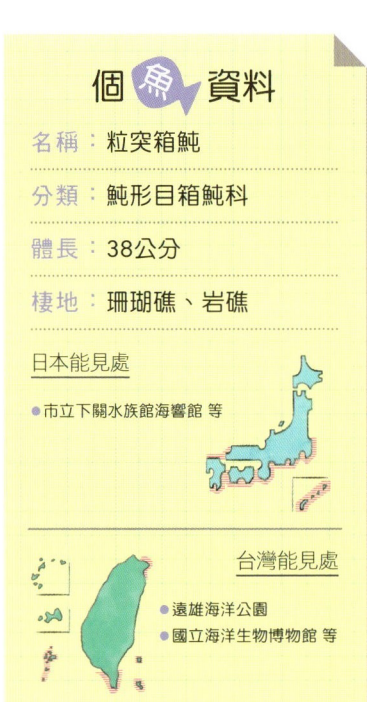

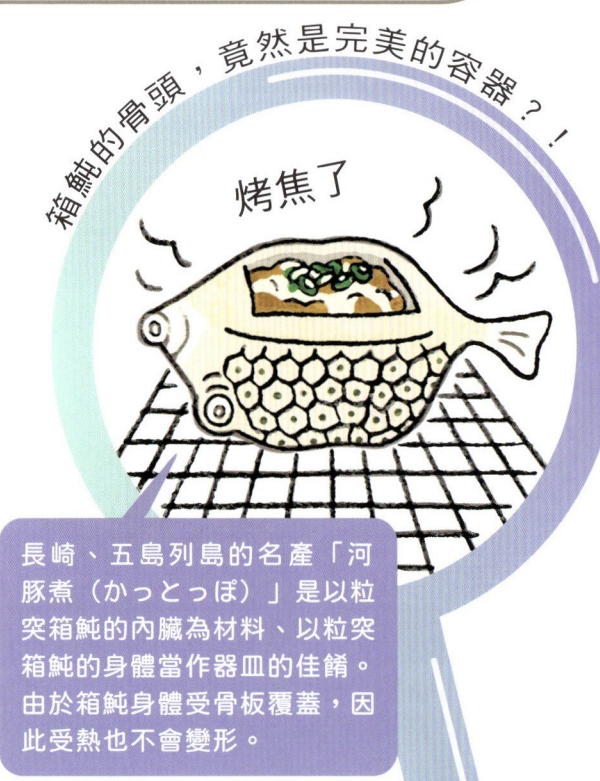

翻(ㄈㄢ)車(ㄔㄜ)魨(ㄊㄨㄣˊ)

學名：*Mola mola*

使用背鰭和
臀鰭游泳
好冷喔……

又叫做「翻車魚」、「蜇魚」、「曼波魚」等等。翻車魨常常橫躺在海面上，因為樣子很像在「睡午覺」，總會被認為一派悠閒。但事實並非總如人們所想，牠們其實不像看起來那麼悠哉。最近的研究表明，翻車魨能夠潛入數百公尺的深海中尋找美味的食物。在海洋中潛得越深，水溫也會下降越多，而體溫隨著環境改變的魚，在潛入深海後，身體也會變得冰冷。為了維持強勁的游泳能力，翻車魨必須讓身體回溫。因此橫躺在溫暖的海面、暴露在陽光下，可不是無所事事，而是翻車魨正在拼命恢復體力呢！

懶洋洋的模樣其實是正在拼命「解凍」

看起來是尾鰭，實際上只是背鰭與臀鰭的延伸。

個魚資料

名稱：翻車魨

分類：魨形目翻車魨科

全長：4公尺

棲地：外海

日本能見處

- 海洋世界茨城縣大洗水族館
- 海遊館
- 志摩海洋樂園 等

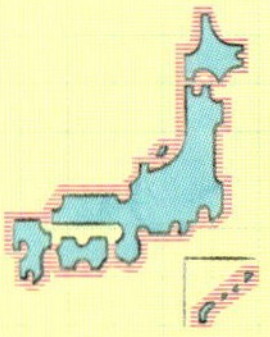

台灣能見處

寶寶的模樣宛如金平糖

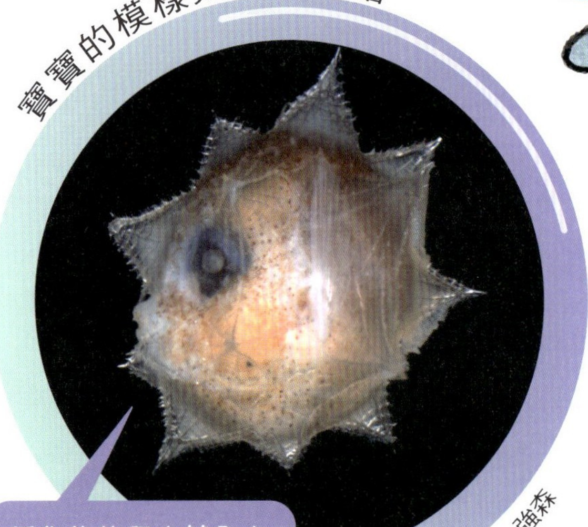

孵化後的翻車魨全身長滿刺，而且有尾鰭。刺和尾鰭會隨著成長而逐漸消失。

攝影／G.D. 強森

雙吻前口蝠鱝

學名：*Mobula birostris*

體型超級巨大
活動的空間
卻窄到不行

好、
好厲害喔……
張開大大的
嘴巴
還要再游
3000公里呢
能夠游4000公里
的黑鮪魚

攝影／國營沖繩紀念公園（海洋博公園）・美麗海水族館 佐藤圭一

阿氏前口蝠鱝腹部上的黑點每隻各有不同

雙吻前口蝠鱝（鬼蝠魟）的朋友——阿氏前口蝠鱝（珊瑚礁鬼蝠魟）身上被稱作斑蚊的腹部黑點和圖案，就像人類的指紋一樣，每個都不盡相同。

雙吻前口蝠鱝是世界上最大的魟魚，身體寬度可達7公尺，體重達2噸，也會被叫做「鬼蝠魟」或「魔鬼魚」。雙吻前口蝠鱝與阿氏前口蝠鱝都擁有「魔鬼魚」的別名，深受潛水者的歡迎。雖然以前認為牠們會長途洄游，但實際上發現牠們生活在直徑僅約二百公里的狹窄海域裡。也因為牠們分布在比鮪魚等洄游魚種更狹窄的地方，所以很容易受到過度捕撈及環境變化的影響，現今已面臨絕種危機，在台灣也已列為保育類。

個魚資料

名稱：雙吻前口蝠鱝

分類：鱝目鱝科

全長：7公尺

棲地：外海的表層

日本能見處

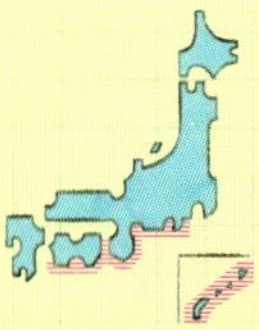

台灣能見處

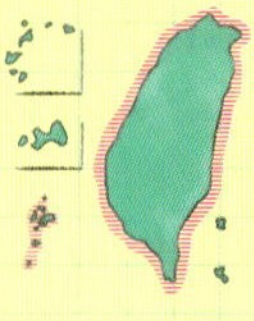

克氏雙鋸魚

學名：Amphiprion clarkii

失去了海葵就等於失去了生命

會依生活地區以及身體大小而有不同顏色
很危險喔！

個魚資料

名稱：克氏雙鋸魚

分類：鱸形目雀鯛科

體長：10公分

棲地：珊瑚礁、岩礁

日本能見處

- 東海大學海洋科學博物館
- 海洋世界海之中道 等

台灣能見處

- 國立海洋科技博物館
- 國立海洋生物博物館
- 野柳海洋世界 等

克氏雙鋸魚又被稱為「小丑魚」或「海葵魚」。普通的魚兒要是接觸到海葵的觸手，會被其釋放出的毒針刺中而死。然而克氏雙鋸魚具有特殊的黏液，可以保護自己不被毒針刺中。所以牠們平常把海葵當作保護傘，在其周圍活動，要是離開海葵，就很容易成為其他魚類的獵物。

日本鰻鯰

日ㄖˋ本ㄅㄣˇ鰻ㄇㄢˊ鯰ㄋㄧㄢˊ

學名：*Plotosus japonicus*

雖然有毒刺當武器
但被一口吞就全軍覆沒！

個魚資料

名稱：日本鰻鯰

分類：鯰形目鰻鯰科

體長：18公分

棲地：岩礁、沙泥底

日本能見處

- 沖繩美麗海水族館
- 陽光水族館 等

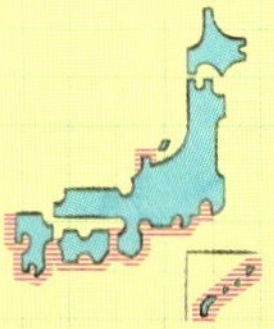

台灣能見處

- 遠雄海洋公園 等

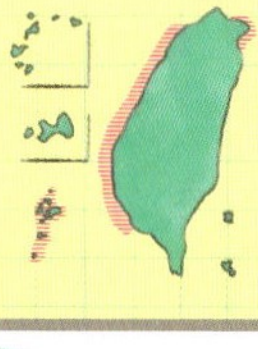

日本鰻鯰的魚鰭有著堅韌的尖刺，根部藏有毒腺，人類若被刺中，會立刻腫脹並劇烈疼痛。日本鰻鯰常群聚成「鯰魚球」，讓其他魚類不敢輕易靠近；但幼魚不僅體型較小，毒素也比較弱，即使已經與同伴聚成一團，準備好了毒刺禦敵，有時還是會被大魚整口吞下。

黑高身雀鯛

學名：*Stegastes nigricans*

對食物異常執著
勤勞耕作的海中農夫

多管藻若沒有黑高身雀鯛便無法生長

在大海中生長繁茂的多管藻田，是黑高身雀鯛在此棲息的象徵。

攝影／筑波大學準教授 畑啓生

大海裡住著一種以「農夫」為志業的魚。牠們棲息在珊瑚礁中，只吃一種叫做多管藻的海藻，牠們的名字是「黑高身雀鯛」，也被稱為「黑眶鋸雀鯛」。這種魚每天的例行工作就是巡視多管藻田，一旦發現有其他魚類闖入，就會立刻把闖入者趕走；如果田裡長出其他不是多管藻的海藻，也會被牠們拔起來丟掉。曾經有一項研究，打造了一個沒有黑高身雀鯛生存的環境，結果發現多管藻田很快就被其他海藻侵占而消失，由此可見牠們彼此之間密不可分、缺一不可的關係。

個魚資料

名稱	黑高身雀鯛
分類	鱸形目雀鯛科
體長	12公分
棲地	珊瑚礁、岩礁

日本能見處

台灣能見處

- 遠雄海洋公園
- 亞太水族中心 等

阿戈鬚唇飛魚

學名：*Cypselurus agoo*

看起來好好吃喔～
這隻是最愛吃飛魚的鬼頭刀

阿戈鬚唇飛魚又名「燕鰩魚」、「阿戈飛魚」、「飛烏」等。這種飛魚可以展開大大的胸鰭和腹鰭在空中滑翔，甚至常常可以滑翔數百公尺。牠們的飛行技巧很好，不僅能在空中改變方向，還能夠增加自己滑翔的時間，方法是把高度降到海面附近，然後用尾鰭用力拍打海面，借力使自己再次飛起。然而，阿戈鬚唇飛魚的飛行往往是受敵人攻擊或受到船隻引擎聲等驚嚇所引起。因此，雖然牠們飛行的姿態看起來華麗又迷人，但實際上卻是在拼了命地逃跑呢。

宛如翅膀的胸鰭
完蛋了！
完蛋了！

看似華麗的飛行是在拼了命地逃跑

個魚資料

名稱：阿戈鬚唇飛魚

分類：頜針魚目飛魚科

體長：35公分

棲地：沿岸至近海的淺海

日本能見處

● 鴨川海洋世界（依季節展示）

台灣能見處

● 遠雄海洋公園（預計展示）

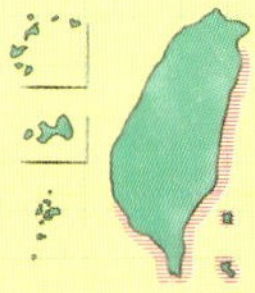

會使用尾鰭滑動水面並起飛

飛魚的尾鰭下側比較長。牠們會迅速地左右擺動這條尾鰭，來使自己加速並起飛。

棘黑角魚

學名：*Chelidonichthys spinosus*

為了覓食
整天在海底
走來走去

食物……
食物……
實際上是胸鰭的一部分

攝影／內野啓道

如眼睛般的鮮豔胸鰭能夠嚇阻敵人

棘黑角魚的胸鰭顏色鮮豔，如同眼睛的斑點是其特徵。若遭受到敵人襲擊時，牠便會將胸鰭大大張開以擊退對方。

棘黑角魚還會被叫做「棘綠鰭魚」或「角仔魚」，這種魚的胸鰭有三根類似手指的結構。雖然其他魚的胸鰭也有肌肉，但棘黑角魚的跟別人不太一樣，牠的腹側鰭條特化成一根根的指狀，而牠能靈活地運用這些分開的鰭條在海底「行走」。棘黑角魚動來動去的樣子雖然可愛，但牠們可不是在悠閒地散步，而是在利用肌肉末端的感覺器官，尋找躲藏在沙裡的食物。

個魚資料

名稱：棘黑角魚

分類：鮋形目魴鮄科

體長：40公分

棲地：沿岸和深海的沙泥底

日本能見處

- 新江之島水族館
- 名古屋港水族館 等

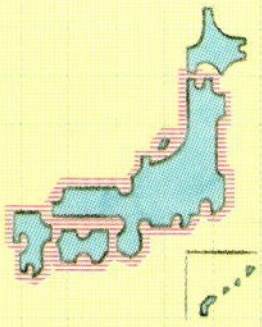

台灣能見處

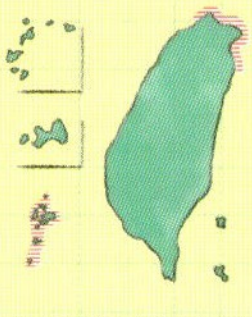

- Xpark（不定期）
- 遠雄海洋公園（預計展示）

線ㄒㄧㄢˋ紋ㄨㄣˊ環ㄏㄨㄢˊ盤ㄆㄢˊ魚ㄩˊ

學名：*Diademichthys lineatus*

個魚資料

名稱：線紋環盤魚

分類：鱸形目喉盤魚科

體長：6公分

棲地：珊瑚礁、岩礁

日本能見處

台灣能見處

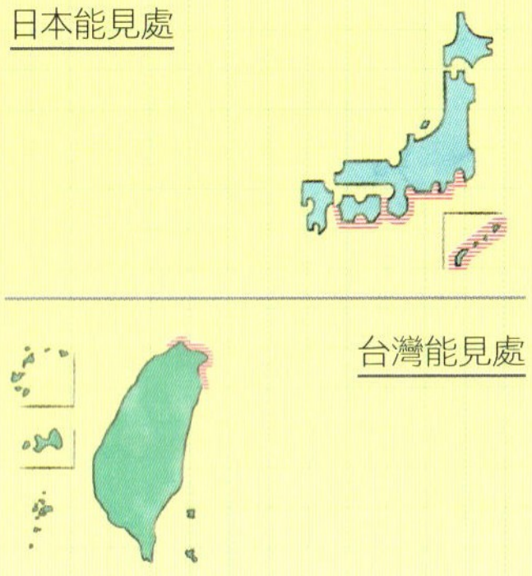

線紋環盤魚的別稱有「海膽姥姥魚」跟「跳海仔」等。牠們在刺冠海膽等海膽類的細刺之間生活，由於身體細長而且也是黑色，所以在刺的縫隙中穿行時，看起來不顯眼而十分安全。雖然隱身在細刺中過生活，但線紋環盤魚實際上會以海膽的管足為食，所以是一種很精明的魚呢。

在海膽的尖刺中過隱居生活

魚身上有兩條垂直的條紋

＊海膽的管足內有細細的管部構造，可以透過內部的液體壓力來伸縮。

日本瓢鰭鰕虎

學名：*Sicyopterus japonicus*

日本瓢鰭鰕虎的綽號有「和尚魚」、「日本禿頭鯊」、「烏老」等。牠們住在河流中游或上游，當朝上游移動時，會利用圓形的腹鰭和嘴巴吸附在岩石上，用跟尺蠖蟲很像的方式，沿著急流一點一點地向上爬行。雖然身而為魚，卻必須攀岩前行呢。

個魚資料

名稱：日本瓢鰭鰕虎

分類：鱸形目鰕虎科

體長：15公分

棲地：河川、溪流

日本能見處

● 新江之島水族館 等

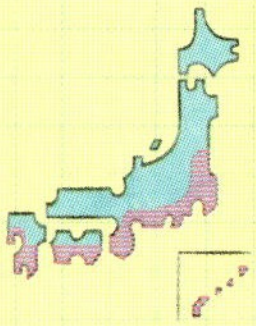

台灣能見處

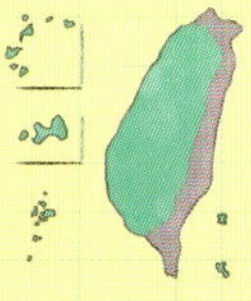

● Xpark 等

＊北部與恆春半島較常見。

小鼻綠鸚哥魚

學名：*Chlorurus microrhinos*

潛入珊瑚礁密布的海域中，會聽到「喀嗤喀嗤」的聲音不時響起，那是小鼻綠鸚哥魚和牠的朋友們在啃珊瑚。小鼻綠鸚哥魚俗名「鸚哥」，有著如鳥喙般堅硬的大牙，會啃咬珊瑚，再用喉嚨深處的大臼齒將其磨碎。雖然啃的是珊瑚，但牠們真正想吃的，其實是附著在珊瑚上的海藻。那些被一起吞下去的珊瑚會因為沒辦法消化，最後變成糞便排出體外。這麼說來，珊瑚礁海底的潔白沙地看起來美不勝收，但夢幻的白沙其實是鸚哥魚排出的糞便呢！

個魚資料

名稱：小鼻綠鸚哥魚

分類：鱸形目鸚哥魚科

體長：70公分

棲地：珊瑚礁、岩礁

日本能見處

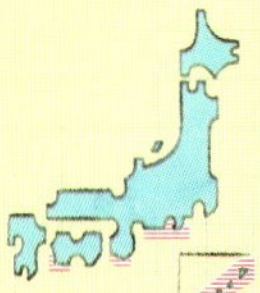

台灣能見處

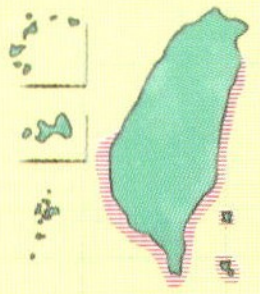
遠雄海洋公園 等

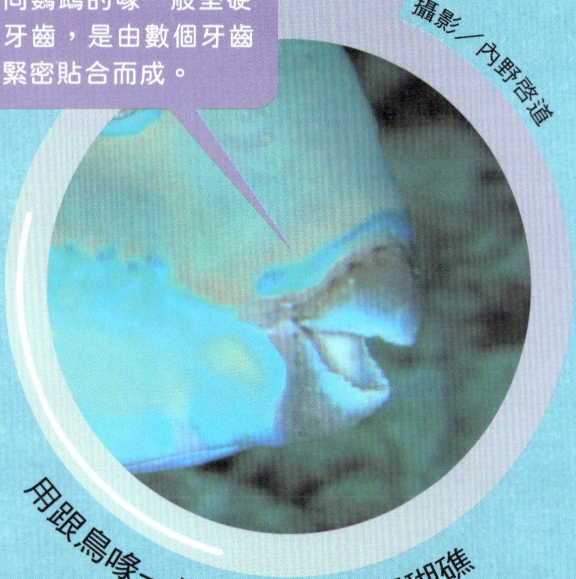
如同鸚鵡的喙一般堅硬的牙齒，是由數個牙齒群緊密貼合而成。

攝影／內野啓道

用跟鳥喙一樣的牙齒剖食珊瑚礁

因為消化不良 所以到處散布 白色糞便

有很大片的鱗
舒服～～
喉嚨裡也有牙齒

玉ㄩˋ筋ㄐㄧㄣ魚ㄩˊ

學名：*Ammodytes personatus*

夏天難受的酷暑
就靠睡覺撐過去

玉筋魚生活在水深10至30公尺的沙底，由於非常怕熱，每到夏天的時候，牠們就會鑽進沙底沉睡好幾個月，可能是因為要睡很久，牠們對沙底的厚度和材質有所要求，大部分玉筋魚特別偏好覆蓋著直徑0.5至2毫米粗糙沙粒的海床。

隨著地球暖化，異常氣候頻繁出現，海水溫度也逐漸升高。如果暖化狀況持續加劇，玉筋魚可能會被迫向更涼爽的北方遷移，逐漸從溫暖的海域中消失。

在日本，牠們目前的分布範圍從北海道一直延伸到九州北部；但牠們沒有棲息在相對溫暖的台灣海域。台灣只有少數它的同類，較常出現在內灣或河口。

個魚資料

名稱：玉筋魚

分類：鱸形目玉筋魚科

體長：25公分

棲地：內灣的泥沙

日本能見處

- 渋川海洋水族館（玉野海洋博物館）
- 姬路市立水族館 等

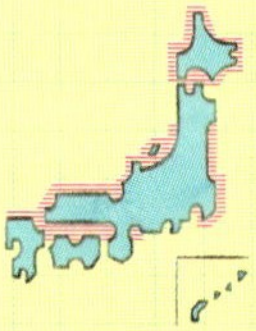

台灣能見處

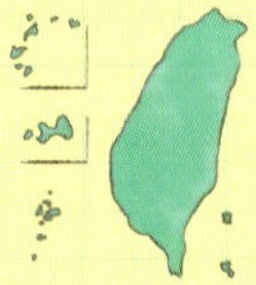

＊台灣海域無分布

玉筋魚在日本經常被稱為「小女子」

玉筋魚在市場上，時常以乾燥或煮熟的方式販售。牠們與魩仔魚看起來很像，但臉部是尖的，這也是牠們的特徵。

圓ㄩㄢˊ 鯧ㄔㄤ

學名：*Nomeus gronovii*

與隨時可能會殺死自己的夥伴相互依偎

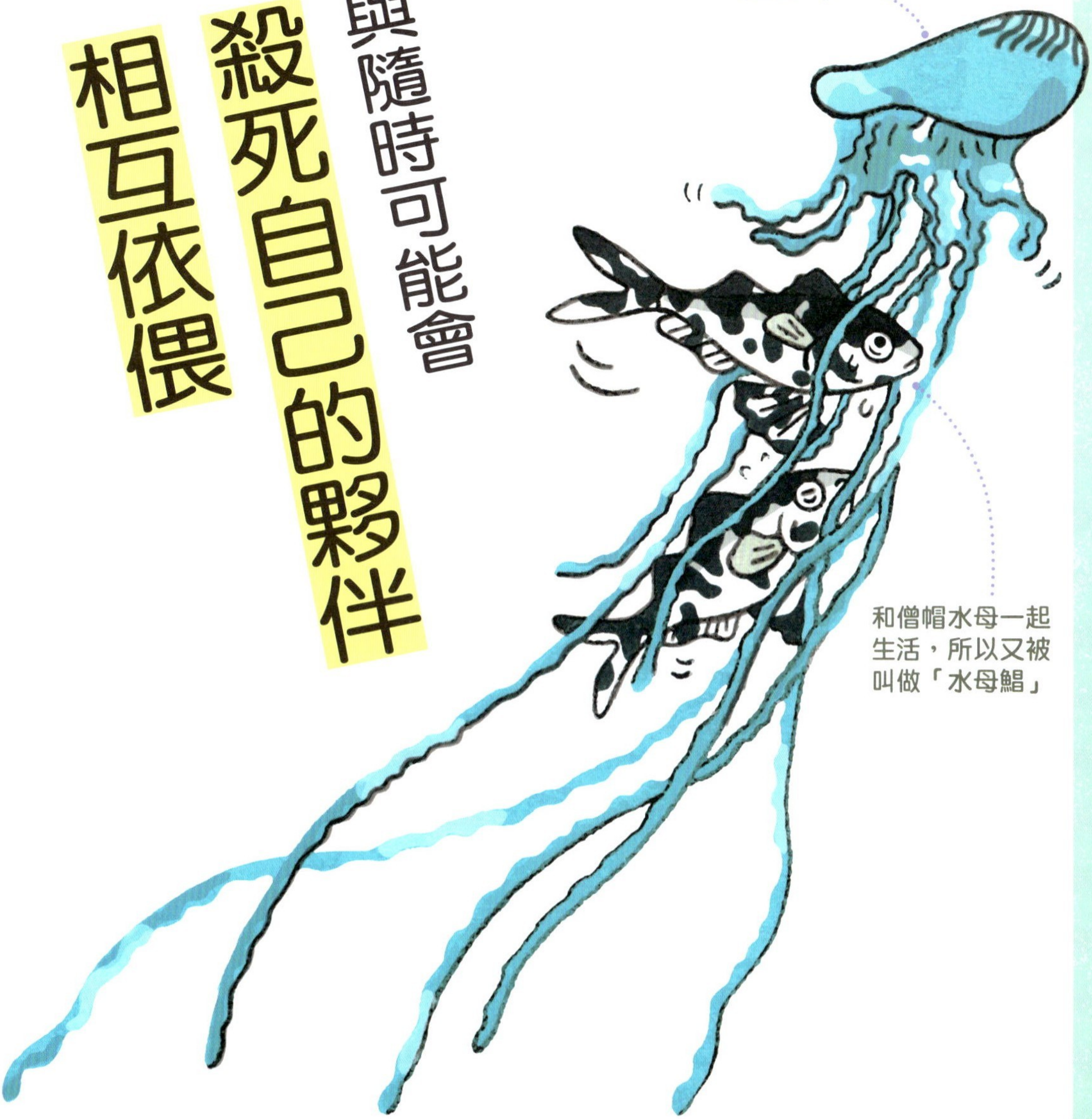
擁有劇毒的
僧帽水母
和僧帽水母一起
生活，所以又被
叫做「水母鯧」

僧帽水母即使是死後也會螫人，須格外小心！

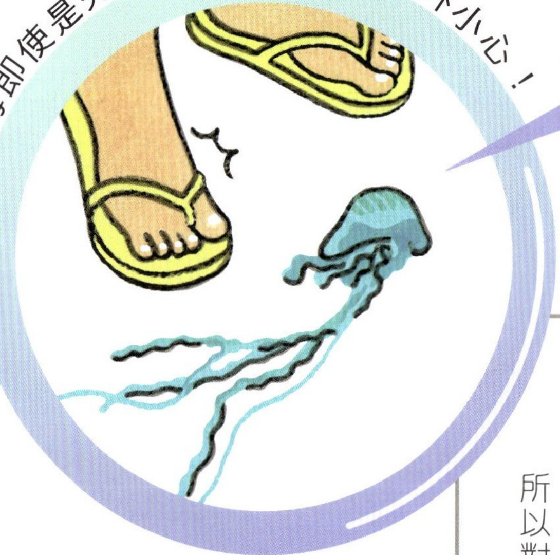

近年來，海岸上時常出現大量漂浮的僧帽水母。雖然看起來很漂亮，但千萬不要觸碰。

圓鯧又名「水母雙鰭鯧」或「水母鯧」，牠們生活在僧帽水母的觸手之間。僧帽水母長長的觸手具有毒性，因此圓鯧不必擔心被其他魚襲擊，但其實牠自己被水母螫到也會死掉。所以對圓鯧而言，每天在毒觸手間尋求庇護的生活，是以失去性命的風險為代價換來的。不過圓鯧有時候也會吃掉僧帽水母的一部分，所以應該也是沒有虧到。牠們兩個雖然生活在一起，卻始終處於不能掉以輕心的致命關係呢！

個魚資料

名稱：圓鯧

分類：鱸形目雙鰭鯧科

體長：40 公分

棲地：外海

日本能見處

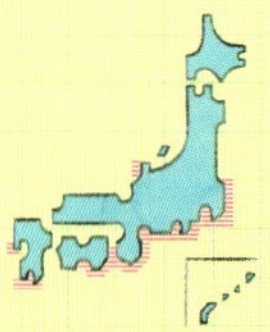

台灣能見處

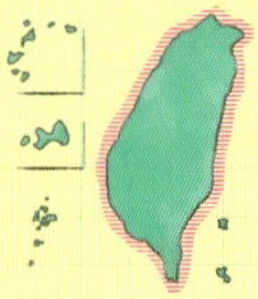

＊周邊海域偶可見。

射ㄕㄜˋ水ㄕㄨㄟˇ魚ㄩˊ

學名：*Toxotes jaculatrix*

狩獵超辛苦 收獲卻少得可憐

個魚資料

名稱：射水魚

分類：鱸形目射水魚科

體長：16公分

棲地：河口

日本能見處

- 鮭魚的故鄉 千歲水族館
- 宮島水族館 等

＊分布在兩表島的河口。

台灣能見處

＊台灣未有出現紀錄

射水魚可以從口中噴出細小的水柱，射下停在鄰近水面葉子上的昆蟲，然後吃掉牠們。然而，根據射水魚消化道的相關研究指出，裡面有七成是螃蟹，昆蟲則約佔兩成左右。噴水捕獵的過程相當艱難，沒有什麼收獲好像也很正常，所以常常選擇更容易吃到的螃蟹好像也是理所當然。

高ㄍㄠ 冠ㄍㄨㄢˋ 鳚ㄨㄟˋ

學名：*Alticus saliens*

跟水裡比起來 更想待在 岩石舒適圈

個魚資料

名稱：高冠鳚

分類：鱸形目鳚科

體長：10公分

棲地：沿岸的岩礁

日本能見處

● 葛西臨海水族館 等

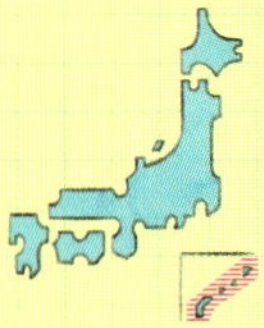

台灣能見處

高冠鳚生活在熱帶的岩礁中，又被叫做「跳彈鳚」或「狗鰷」。牠們會在受波浪衝擊的岩石上活蹦亂跳，並吃生長在岩石上的藻類為生。由於牠們透過皮膚就能呼吸，因此只要環境潮濕，牠們就可以生活得很好。雖然高冠鳚是魚，但掉入海中後卻會慌張地迅速返回岩石上。

裂(ㄌㄧㄝˋ)唇(ㄔㄨㄣˊ)魚(ㄩˊ)

學名：*Labroides dimidiatus*

每天都忙著幫其他魚大掃除

好忙、
好忙呀……
常客❶
青星九刺鮨

裂唇魚，也叫「半帶擬隆鯛」、「藍帶裂唇鯛」或「飄飄」，以吃其他魚身上的寄生蟲為生。牠們身上有黑白相間的條紋，游泳時會擺動身體後半部，像是在跳獨特的舞蹈，這讓牠們往往能夠被一眼認出來。有很多魚都會特地游到裂唇魚居住的地方，請牠幫忙清除身上的寄生蟲，有時魚潮眾多，甚至得排隊等待，跟人類去診所要掛號的情形簡直一模一樣，所以牠們又被稱為「魚醫生」。雖然時常進入大魚嘴裡或鰓部工作，但努力工作的裂唇魚，從來都沒有被當作食物吃掉過喔！

個魚資料

名稱：裂唇魚

分類：鱸形目隆頭魚科

體長：12公分

棲地：珊瑚礁、沿岸的岩礁

日本能見處

- 墨田水族館
- 能登島水族館 等

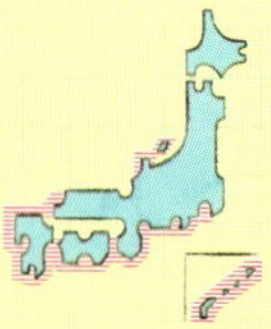

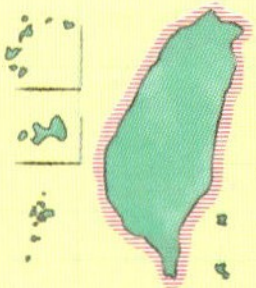

台灣能見處

- 澎湖水族館
- 金車水產養殖研發中心
- 野柳海洋世界 等

魚類學家閒談

野生動物身上一定會有寄生蟲。海水魚有時會刻意游進河川，或前往海底湧出淡水的地方來清掉寄生蟲。在珊瑚礁中，則有像裂唇魚這樣專門清除寄生蟲的「清潔魚」。而牠們的客人還不只限於魚類，連海龜也會特地慕名而來！

來認識魚的身體吧

眼

幾乎所有魚類都沒有眼瞼，有些魚的眼睛還會根據生活環境而退化。

鰓

魚類為了呼吸和進食，通常會覆蓋著必要的鰓。從嘴巴到鰓後端的部位被稱為頭部。

背鰭

背側的鰭。有些魚的背鰭分為多個部分。

尾鰭

位於身體後方、看起來像尾巴的鰭。

胸鰭

位於身體的左右兩側，可以用來調節游泳速度或改變方向。

腹鰭

腹部前方有一對腹鰭，用於調節游泳速度和改變方向。

臀鰭

位於腹部後方的鰭。

側線

偵測水流、水壓與震動的感覺器官。身體兩側皆有側線。

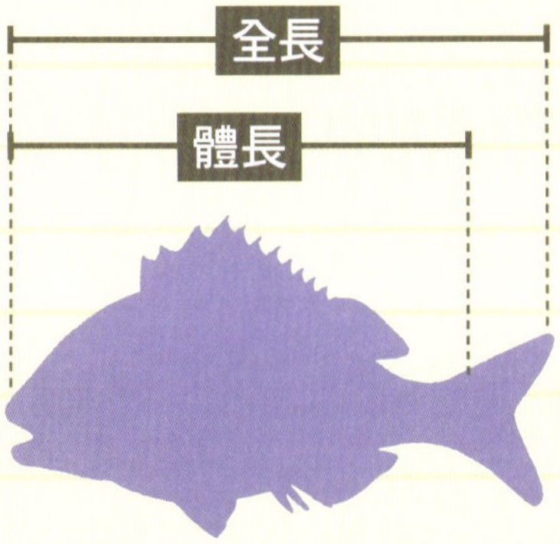

魚類因種類不同而外觀各異，但牠們與人類一樣是擁有脊椎骨的脊椎動物。在水中生活的脊椎動物中，從出生到死亡都會透過鰓呼吸並擁有鰭的是魚類。而像海豚或鯨魚透過肺呼吸、以及像青蛙一樣成長後在陸地上生活的，則不屬於魚類。

第2章

魚兒們傳宗接代的育兒大作戰

錐ㄓㄨㄟ齒ㄔˇ鯊ㄕㄚ

學名：*Carcharias taurus*

錐齒鯊是一種全長超過3公尺的大型鯊魚，又有著「戟齒砂鮫」、「凶猛砂」等的別名。牠的下顎外露著巨大且尖銳的牙齒，看起來非常兇悍恐怖，但恐怖的可不僅是牠的外貌。母的錐齒鯊會將卵產在子宮內，卵會成長並孵化，孵化後的小鯊魚不僅會吃掉其他卵，也會嘗試吃掉已經孵化出來的其他兄弟姊妹。最終，只有在這場逃殺遊戲中存活下來的小鯊魚，才能夠順利出生。同類相食雖然聽起來殘酷，卻是能夠提高下一代存活率的方法。

在媽媽肚子裡 先跟兄弟姊妹來場大逃殺

個魚資料

名稱：錐齒鯊

分類：鯖鯊目砂錐齒鯊科

全長：3.2公尺

棲地：沿岸

日本能見處

- 海洋世界茨城縣大洗水族館
- 海中道海洋世界
- 登別尼克斯海洋公園 等

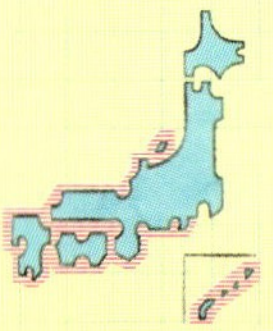

台灣能見處

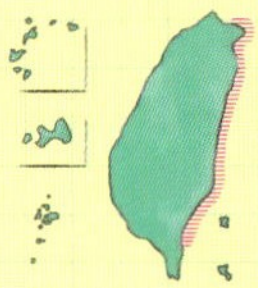

雖然外貌恐怖，但幾乎不會襲擊人類

由於其生態和外貌，錐齒鯊常被誤認為是殘暴的鯊魚，但其實牠們的性格溫和，幾乎不會攻擊人。

鯨ㄐㄧㄥ鯊ㄕㄚ

學名：Rhincodon typus

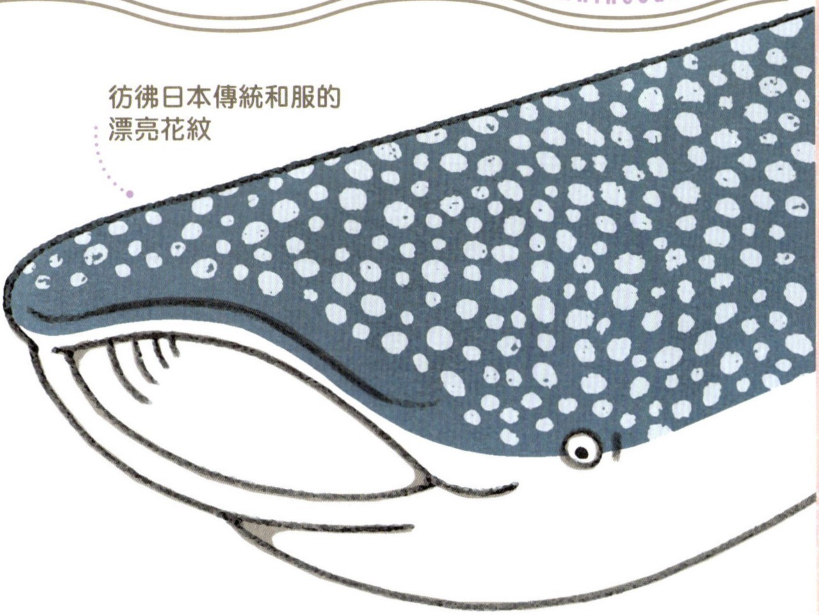
彷彿日本傳統和服的
漂亮花紋

每一次生產
都是三百胞胎

299女！
300男！
298男！

攝影／松浦啓一

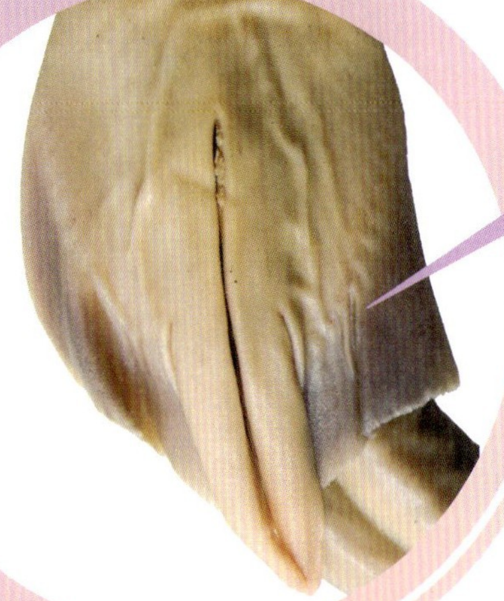

鯨鯊擁有兩根交尾器，但在與雌性交配時只會使用其中一根。

雄性鯨鯊有兩根交尾器

鯨鯊是體長可達18公尺的超巨大魚類，牠的別名有「豆腐鯊」和「大憨鯊」，雖然體型巨大，但是牠不會襲擊其他大型魚類，或海獅等海洋哺乳類。這種溫順的鯊魚主要以浮游生物為食，且能進行八千公里的大規模遷徙。鯨鯊生育的數量非常高，即使是在以經常生育聞名的鯊魚家族之中，一次能產下多達三百隻幼魚的鯨鯊，生育數量還是比其他鯊魚多很多。雖說從母體內發現的幼魚大小約只有60公分，比起以公尺計算的成年鯨鯊來講，是非常迷你的小寶寶，但不管怎麼說，三百這種數量還是很驚人。

個魚資料

名稱：鯨鯊

分類：鬚鯊目鯨鯊科

全長：13公尺，少數可達18公尺

棲地：沿岸至外海的淺海

日本能見處

- IO WORLD鹿兒島水族館
- 沖繩縣美麗海水族館
- 海遊館

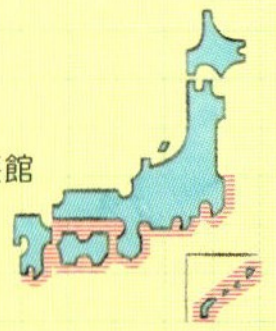

台灣能見處

青ㄑㄧㄥ鱂ㄐㄧㄤ魚ㄩˊ

學名：*Oryzias latipes*

待在安心舒適的環境中
就會每天一直產卵

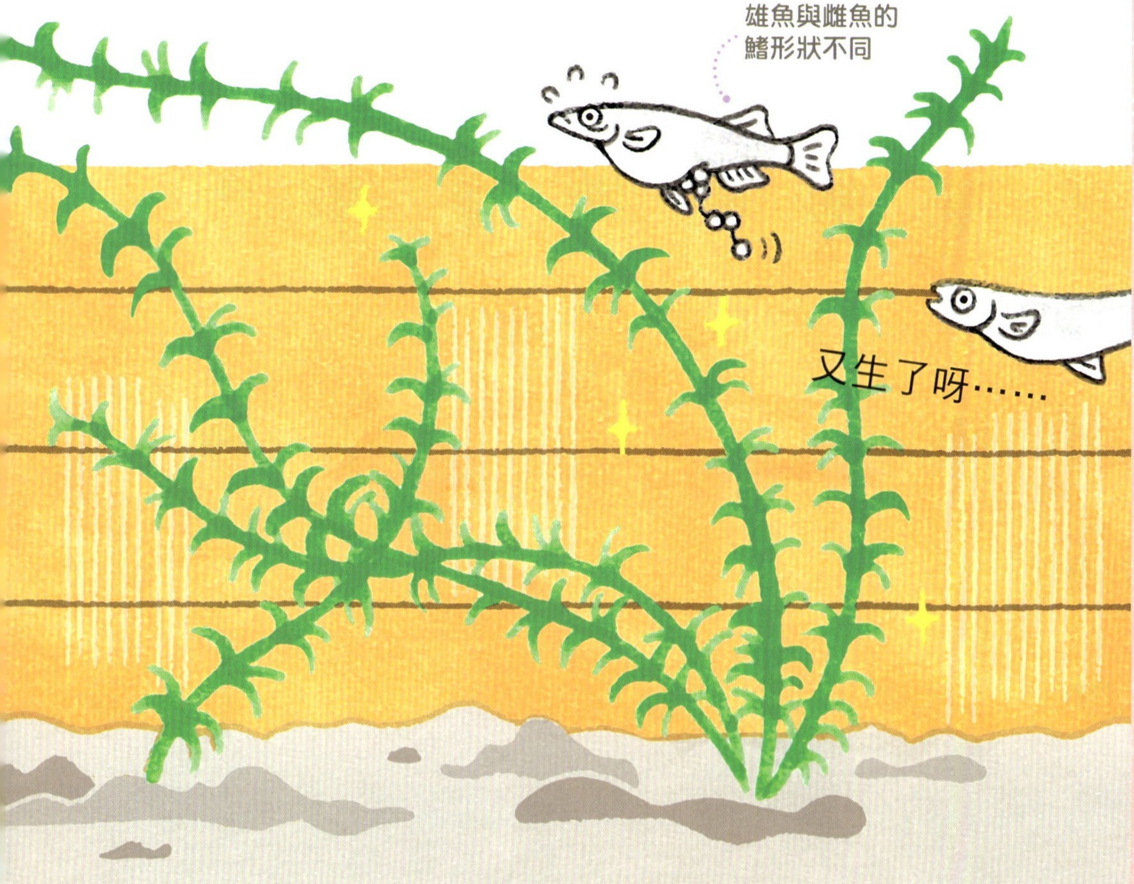

雄魚與雌魚的
鰭形狀不同
又生了呀……

在繁殖季節，俗稱「稻田魚」的青鱂雄魚會展開魚鰭，像跳舞一樣擺動身體來向雌魚求愛。青鱂魚一旦滿足「白天比夜晚長」且「水溫超過20度」這兩個條件，就會開始產卵。因此雖然野生魚的產卵期有限，但人工飼養的青鱂魚，只要有燈光、加熱器，再加上充足的飼料，就能輕易造就出「生育舒適圈」，讓青鱂魚每天產卵產個不停。

青鱂魚有很多種，日本有「南方青鱂」和「北方青鱂」，而台灣能看到的多為「中華青鱂Oryzias sinensis」，另外在二〇二四年，還發現了新的台灣特有種「成龍青鱂Oryzias chenglongensis」。

個魚資料

名稱	青鱂魚
分類	異鱂目青鱂魚科
體長	3公分
棲地	河川、池塘與沼澤、灌溉渠

日本能見處

- 東山動植物園 世界的青鱂魚館
- 森之中水族館 等

台灣能見處

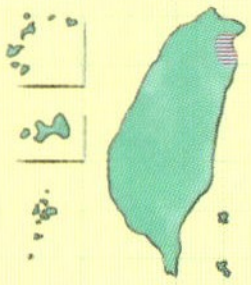

＊在台灣分布的青鱂魚以往廣泛見於中、北部的溝渠、池塘、稻田，但近來已剩少數族群。

觀賞用的青鱂魚色彩鮮豔、很受歡迎

青鱂魚作為觀賞魚很受歡迎。人工培育的青鱂魚如錦鯉一樣色彩斑斕，有些還會閃閃發光，而且有新的品種陸續登場。

霍ㄏㄨㄛˋ氏ㄕˋ角ㄐㄧㄠˇ鮟ㄢ鱇ㄎㄤ

學名：*Ceratias holboelli*

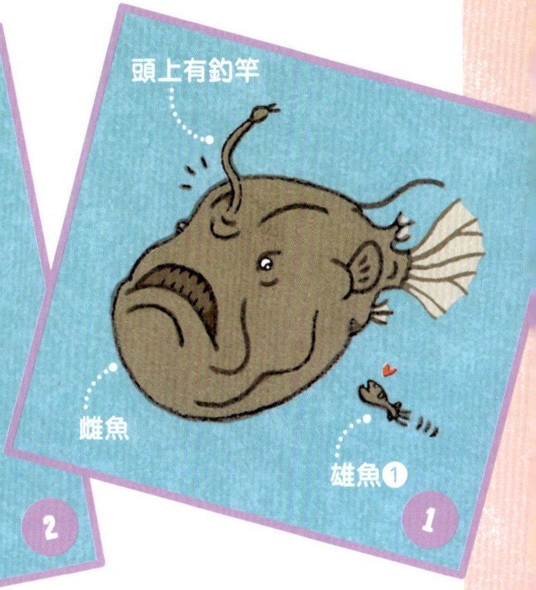

霍氏角鮟鱇是一種生活在深海的鮟鱇魚類，又被稱作「深海鮟鱇」。雌魚的體長可以達到75公分，而雄魚全長卻只有十幾公分。小小的鮟鱇雄魚在遇到雌魚後，會咬住對方並緊緊附著在其身體上，看起來就像母鮟鱇身體表面的一個突起。附著在雌魚身上的雄魚會逐漸失去自己的內臟，就像成為雌魚的一部分一樣，營養也完全仰賴雌魚供給。雖然這樣生活的雄魚感覺很像寄生蟲，但牠們會在雌魚產卵時釋放精子，因此還是發揮了繁衍的作用。有時一條雌魚身上會附著多條雄魚。

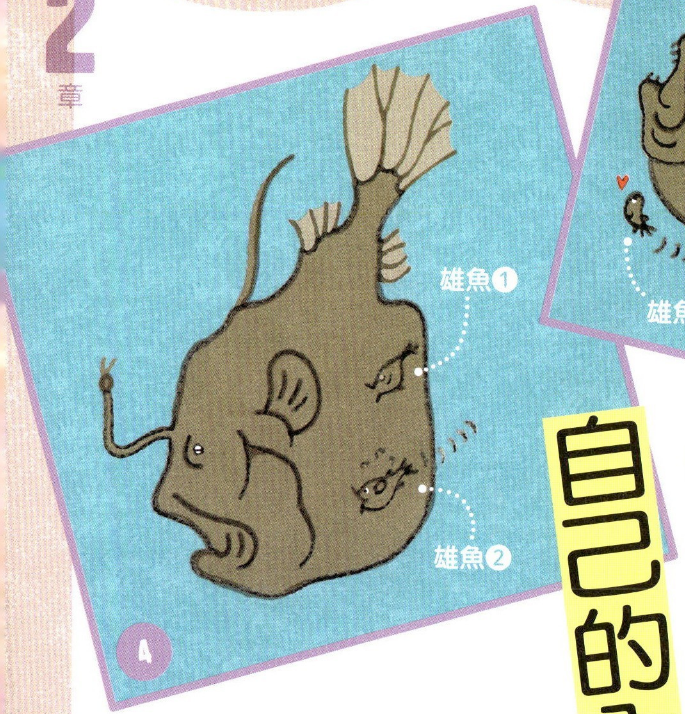

遇見心愛的雌魚後雄魚就會逐漸獻出自己的內臟

個魚資料

名稱：霍氏角鮟鱇

分類：鮟鱇目角鮟鱇科

體長：雄魚16公分
雌性75公分

棲地：深海

日本能見處

- 東海大學海洋科學博物館（浸液標本）
- 名古屋港水族館（浸液標本）等

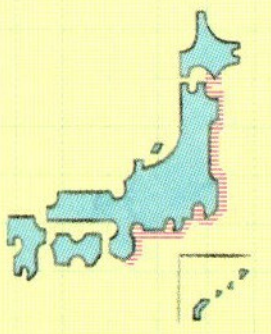

台灣能見處

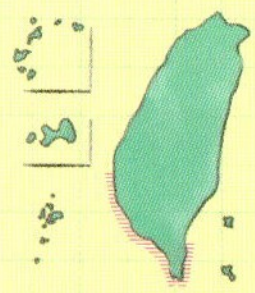

＊東沙群島可見

魚類學家閒談

一位最早發現小型雄魚的研究者誤以為牠是依附於母親的孩子。然而，幾年後另一位研究者進行了解剖，確定這些雄魚實際上已經與雌魚合而為一。除此之外，他們還發現雌魚能夠通過分泌激素，使附著在自己身上的雄魚達到性成熟。

海ㄏㄞˇ鯽ㄐㄧˋ魚ㄩˊ

學名：*Ditrema temminckii temminckii*

與淡水中的鯽魚
沒有任何關係

身體只有20公分
卻能生出數十條
6公分的寶寶

在繁殖的季節，雄魚會出現白色條紋

在繁殖期即將到來的九月，雄魚的身體顏色會改變，這種改變普遍被認為是為了吸引雌魚。

生活在淡水中的鯽魚會透過產卵或無性生殖繁衍後代，但居住在東海的海鯽魚則不會產卵，牠們的卵會在母親體內孵化並成長，變成幼魚寶寶後才會出生。海鯽魚每次生產的數量高達20至30條，出生的幼魚體長已有6公分，相比之下母親的體長卻僅約20公分。海鯽媽媽的體型雖然不大，在每次生產時卻努力地將每條小魚都生得健康茁壯，可以看出牠為繁衍下一代付出很多努力。

個魚資料

名稱：海鯽魚

分類：鱸形目海鯽科

體長：20公分

棲地：沿岸的岩礁與其周圍的沙泥底

日本能見處

- 海洋世界茨城縣大洗水族館 等

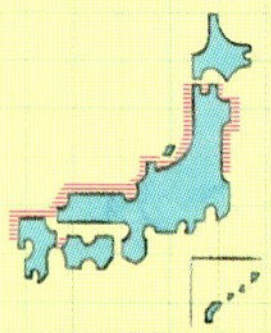

台灣能見處

＊台灣海域無分布

鯽ㄐㄧˋ魚ㄩˊ

學名：*Carassius spp.*

99%都是雌魚 孩子們全是複製品？

雖然很像錦鯉，
但沒有鬍鬚

個魚資料

名稱：鯽魚

分類：鯉魚目鯉魚科

體長：12公分

棲地：河川、水池、湖泊、沼澤、灌溉渠

日本能見處

- 世界淡水魚水族館 Aqua Totto Gifu
- 仙台海洋森林水族館 等

台灣能見處

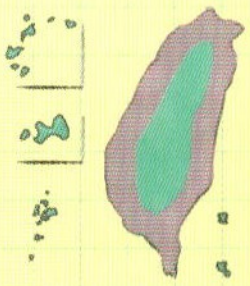

- 國立海洋科技博物館
- 亞太水族中心 等

＊台灣多分布鯽（原生種）和高身鯽（入侵種）

鯽魚是一種河川和湖泊中的常見魚種。通常魚會分成雄魚和雌魚，但鯽魚卻幾乎沒有雄魚，牠們沒有因此絕種的祕密，在於雌魚可以無性繁殖，即使沒有雄魚，自己也能生下後代。這些後代其實就是母親的克隆體（複製體）。鯽魚的繁殖方式簡直就像科幻電影一樣精采。

大ㄉㄚˋ彈ㄊㄢˊ塗ㄊㄨˊ魚ㄩˊ

學名：*Boleophthalmus pectinirostris*

為了討好雌魚 不惜在泥地上 全力跳躍

個魚資料

名稱：大彈塗魚

分類：鱸形目鰕虎科

體長：18公分

棲地：內灣的潮間帶、河口泥沙岸

日本能見處

- 諫早幼幼樂園 干拓之里 彈塗魚水族館 等

台灣能見處

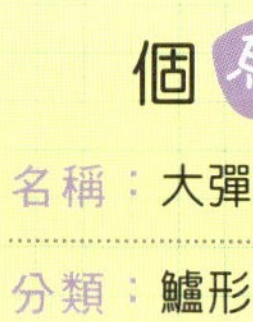

在潮間帶，大彈塗魚的雄魚會在繁殖季節張大嘴巴、豎起背鰭，對彼此視為競爭對手的其他雄魚發出威嚇，同時奮力跳躍來吸引雌魚的注意。雖然牠們只要保持身體濕潤就不會有危險，但在黏稠的泥地上跳來跳去，仍然是場體力大考驗。大彈塗魚也被稱為「花跳」或「花條」。

大白鯊

學名：*Carcharodon carcharias*

史上最強獵人
卻因生孩子太隨性
而面臨滅絕危機

大白鯊在捕食獵物時，會翻轉眼珠，以防黑眼珠受傷。有些鯊魚會用一種類似眼瞼的「瞬膜」來覆蓋眼睛，樣子看起來跟翻白眼很像，其實有點可怕。

捕食獵物時眼睛會變白

大白鯊，也有一個大家熟悉的別名「食人鯊」，主要以海獅、海狗等海洋哺乳動物為食，也曾經襲擊人類。牠是電影《大白鯊》的原型，最廣為人知的海洋掠食者之一。不過，原本位居海洋生態系頂端的食人鯊，現在於全球各地的數量卻越來越少，如今已經面臨滅絕的危機。這其實跟牠的生育習慣有關，食人鯊不會產卵，而是會直接生下幼魚，而且每胎只有2至14隻，繁殖速度十分緩慢。在澳洲與南非，大白鯊已被列為保育類動物。

個魚資料

名稱	大白鯊
分類	鯖鯊目鼠鯊科
全長	6.4公尺
棲地	從沿岸到近海

日本能見處

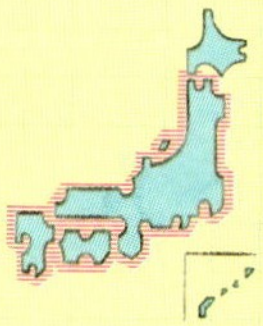

台灣能見處

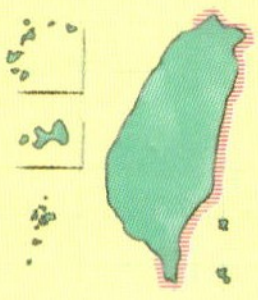

海ㄏㄞˇ馬ㄇㄚˇ

學名：Hippocampus spp.

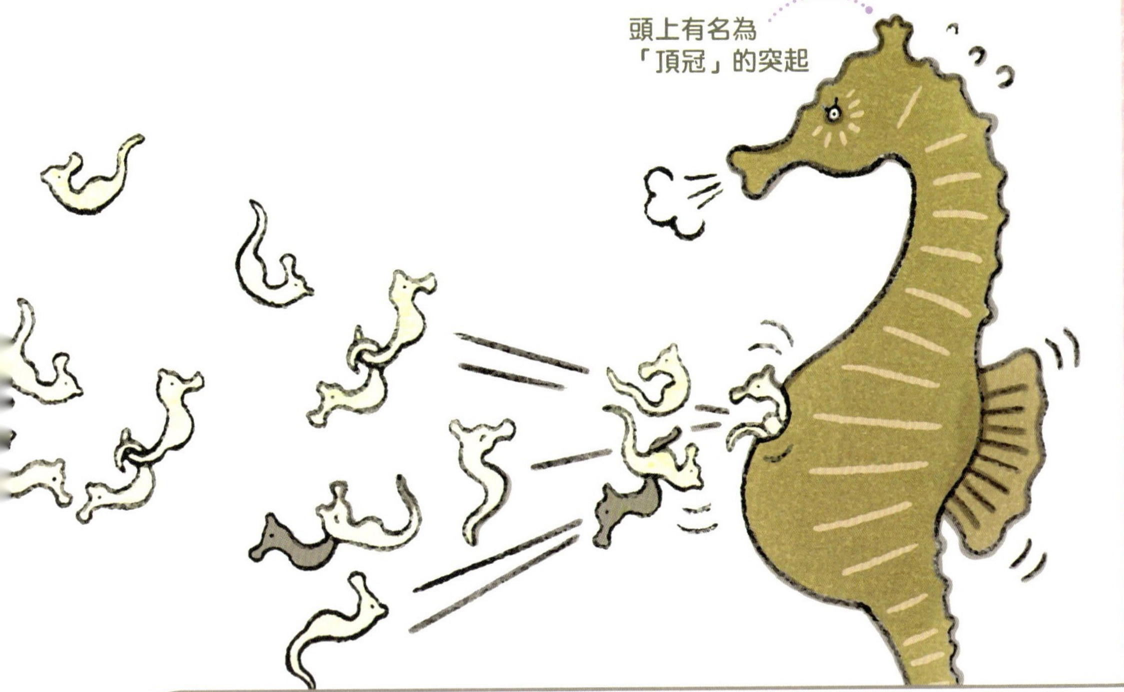

海馬在全球約有五十種夥伴。雌海馬會將卵產在雄海馬腹部的育兒囊中，由雄海馬負責照顧，直到小海馬孵化後，才從雄海馬的育兒囊中「出生」。大多數海馬每次能產下一百至三百條幼魚，但也有少數種類一次就能產下超過一千條。居住在墨西哥近海和東太平洋的太平洋海馬，甚至能一口氣產下多達兩千條幼魚！這些負責育兒的雄海馬，可真是勞苦功高啊。

在台灣周邊海域較常出現的海馬有「庫達海海馬」、「三斑海馬」、「棘海馬」等，還有一種因為善於隱藏自己，比較不容易被發現的「巴氏豆丁海馬」。

超級奶爸海馬 能在肚子裡養育 超過1000隻寶寶

個魚資料

名稱：海馬

分類：背棘魚目海龍科

體長：10公分

棲地：沿岸的岩礁和周邊的海藻林＊

日本能見處

●海洋世界海之中道 等

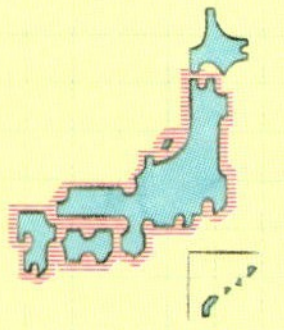

台灣能見處

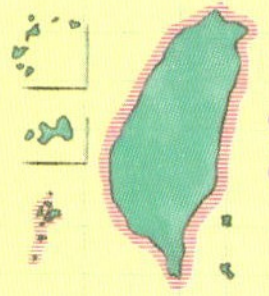

●亞太水族中心

●國立海洋生物博物館 等

＊淺海中海藻和海草茂盛的地方

魚類學家閒談

海馬是一種奇妙的魚類，與其他魚不同，牠總是以直立的方式游泳。由於身體被板狀的骨頭覆蓋，所以游泳時的姿態笨拙。一旦被敵人發現，海馬很容易被吃掉；但因為牠的體色跟周圍環境很像，通常只要靜止不動就能掩人耳目，躲過一劫。

白點窄額魨

學名：Torquigener albomaculosus

雄魚為了產卵
親手做的
2公尺沙雕床
竟然是拋棄式

白點窄額魨，又叫「白點河魨」，雄魚會在水深約25公尺的沙地上，用身體畫出直徑約2公尺的大圓形，作為產卵用的巢穴。雄魚體長大約12公分，若換算成人類比例，相當於一名成年男子，獨自打造一個直徑30公尺的巨型沙雕，工程相當浩大。

白點窄額魨的雌魚會被這座沙雕吸引，游進中心產卵。從人類的角度來看，每座沙雕看起來差不多，但有些雄魚的作品特別受歡迎，會吸引好幾尾雌魚上門；而有些沙雕則乏人問津、無人光顧。至於這種「美感差異」到底差在哪，目前還找不到明確的答案。

個魚資料

名稱：白點窄額魨

分類：魨形目四齒魨科

體長：12公分

棲地：淺海的泥沙底

日本能見處

● 市立下關水族館海響館（產卵巢的模型與影像）

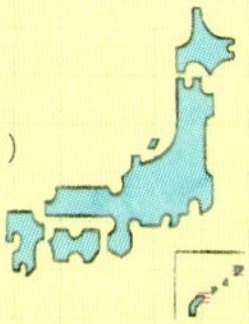

台灣能見處

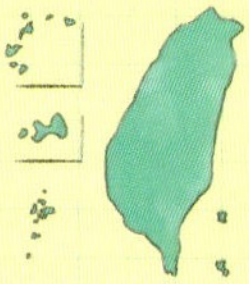

＊台灣海域無分布

如藝術品的產卵巢，會在4月～8月出現

雄魚建造沙雕床大約需要一週，確定圓心位置後，向外畫出約30條溝槽，並在周圍堆出隆起的堤防。

攝影／大方洋二

扁ㄅㄧㄢˇ吻ㄨㄣˇ鮈ㄐㄩ

學名：*Pungtungia herzi*

育兒的工作就交給其他魚吧

明明是肉食性的魚，卻會照顧其他魚的卵
能好好長大嗎
一定沒問題的

個魚資料

名稱：扁吻鮈

分類：鯉形目鯉科

體長：8公分

棲地：河川、灌溉渠

日本能見處

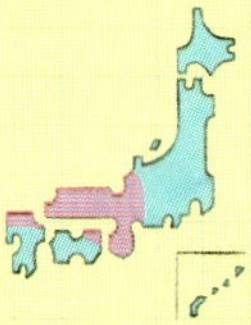

- 世界淡水魚園水族館 Aqua Totto Gifu
- 京都水族館 等

台灣能見處

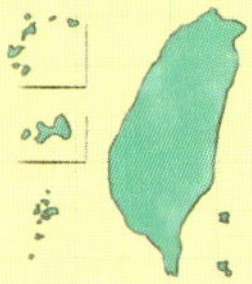

＊台灣海域無分布

魚類學家閒談

將自己的卵交給其他魚照顧的行為，稱為「托卵」。早在1980年代，非洲首次發現魚類的托卵行為，當時曾引起極大關注。後來人們也陸續發現，扁吻鮈以及其他淡水魚也有類似的托卵行為。關於托卵魚的研究仍在持續進行中，未來或許還會有更多驚人的發現。

生活在西日本河川中的扁吻鮈，會把育兒的責任交給其他肉食性的魚類，像是川目少鱗鱖、叉尾瘋鱨和暗色沙塘鱧，一點都不擔心寶寶會被吃掉。每到初夏，川目少鱗鱖會在靠近岸邊的蘆葦等植物莖上產卵，而扁吻鮈也會趁機聚集在此處產卵，雖然川目少鱗鱖會試圖驅趕，但奈何不了數量龐大的扁吻鮈。在卵孵化的過程中，川目少鱗鱖會積極守護自己的卵，免於受到田螺等掠食者的攻擊。不過這樣一來，牠們也連帶保護了混在其中的扁吻鮈卵，成了其他魚意外的育兒幫手。

稻氏鸚天竺鯛

學名：*Ostorhinchus doederleini*

要好好照顧
孩子們喔

陌生雌魚的卵

有可能

會被雄魚吃掉

會、會注意
的……

生活在淺海的天竺鯛雄魚，會將雌魚產下的卵塊含入口中，一路照顧到孵化為止，牠們也被稱為「大面側仔」。在這段期間，雄魚為了守護口中的卵，完全無法進食，實在是相當辛苦。

過去人們一直認為，天竺鯛雄魚不會吃掉口中的魚卵，但後來卻發現，牠們雖然不會吞食熟悉雌魚產的卵，但如果是那些來自遠方、不熟悉的雌魚的卵，牠們偶爾還是會不小心吃掉一些。看來，這種魚跟人類一樣，似乎也很「看交情」呢！

個魚資料

名稱：稻氏鸚天竺鯛

分類：鱸形目天竺鯛科

體長：11公分

棲地：沿岸的岩礁

日本能見處

- 串本海中公園
- 新江之島水族館 等

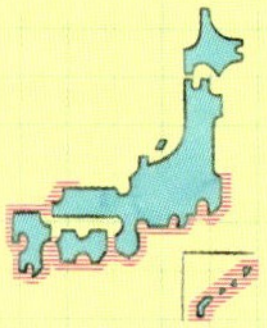

台灣能見處

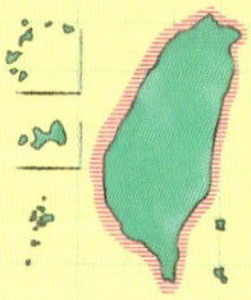

- Xpark
- 國立海洋生物博物館 等

＊北部海域數量較多

魚類學家閒談

除了天竺鯛，也有其他魚會在口內孵卵。根據目前的發現，非洲湖泊中的慈鯛、生活在珊瑚礁中的後頜魚、以及熱帶海域的海鯰等，總共約有10幾種魚會在口內孵卵。在這些魚裡，擔任孵卵責任的大多是雄魚，只有慈鯛主要由雌魚孵育。

細(ㄒㄧˋ)鱗(ㄌㄧㄣˊ)鱊(ㄩˋ)

學名：*Acheilognathus typus*

細鱗鱊是分布於日本本州北部的淡水魚。繁殖季節時，雌魚會將產卵管伸入貝類（如褶紋冠蚌或背角無齒蚌）的鰓部，將卵產在裡面。細鱗鱊的卵在貝殼內可獲得含氧的新鮮水流，同時受到貝類堅硬的外殼保護、安全成長，這些貝類堪稱是細鱗鱊最完美的天然「托嬰中心」。

不過從另一方面來看，如果沒有這些貝類的話，細鱗鱊便沒有合適的地方可以產卵，甚至面臨無法誕下後代的處境。近年來，適合貝類棲息的環境日益減少，這樣的情況也對細鱗鱊繁衍後代的大計造成嚴重威脅。

小魚能不能出生 通通都是「貝」說了算

個魚資料

名稱：細鱗鱎

分類：鯉形目鯉科

體長：7公分

棲地：湖、沼澤、灌溉渠、河川

日本能見處

●秋田市大森山動物園 等

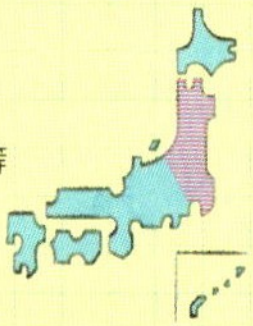

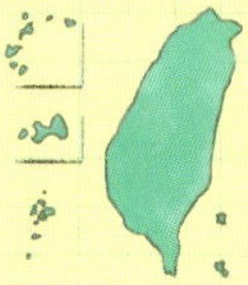

台灣能見處

＊台灣海域無分布

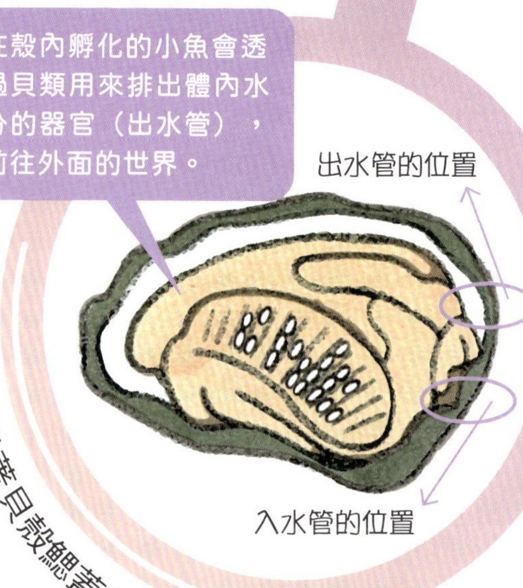
在殼內孵化的小魚會透過貝類用來排出體內水分的器官（出水管），前往外面的世界。
出水管的位置
入水管的位置

沿著貝殼鰓蓋的褶皺，準確找到產卵處

以前在山川和池塘中常見牠們的蹤跡
啵！
居住在沙底的背角無齒蚌

多刺魚

學名：*Pungitius spp.*

在游泳時，背鰭的細刺
難以被發現
啪嗒
啪嗒
啪嗒

將育兒責任
一肩扛起
卻容易早逝的
偉大雄魚

多刺魚主要棲息在水溫較低的河流或湖泊中。繁殖季時，雄魚會用水草搭建一個像鳥巢般的產卵巢，當雌魚靠近時，牠會在巢旁跳起求偶舞，引誘雌魚入巢產卵。成功產卵後，雄魚會不停揮動魚鰭，讓新鮮的水流通過巢穴，並守在巢邊等候小魚的誕生。

這樣的繁衍模式，使得多刺魚的雄魚壽命往往比雌魚更短。因為築巢、孵卵、守護幼魚的過程不僅費時費力，也容易讓牠們暴露在敵人的攻擊之下，為了完成育兒的使命，牠們可說是付出了自己的生命。

個魚資料

名稱：多刺魚

分類：刺魚目刺背魚科

體長：5公分

棲地：河川、湖泊

日本能見處

- 魚津水族館
- 埼玉水族館 等

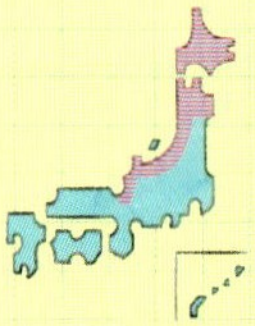

台灣能見處

＊台灣海域無分布

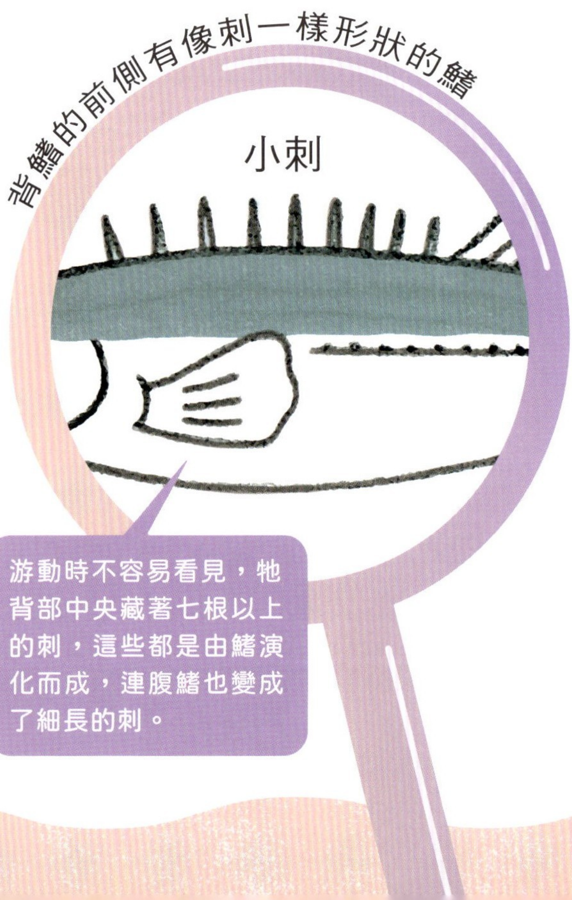
背鰭的前側有像刺一樣形狀的鰭
小刺
游動時不容易看見，牠背部中央藏著七根以上的刺，這些都是由鰭演化而成，連腹鰭也變成了細長的刺。

絲鰭擬花鮨

學名：*Pseudanthias squamipinnis*

為了求偶 跳起激動的舞蹈

在繁殖期時顏色
會變得鮮豔

絲鰭擬花鮨又被叫做「海金魚」、「金花鱸」，牠們的體色與鰭呈鮮豔的橙黃色，雄性的背鰭上有長長的條紋。到了繁殖期，雄魚會拼命展現、大跳求偶舞蹈來吸引雌魚的注意。牠們會在雌魚面前快速衝刺，或者呈「之」字形游動，看起來熱情滿滿、非常忙碌。

個魚資料

名稱	絲鰭擬花鮨
分類	鱸形目鮨科
體長	11公分
棲地	沿岸的岩礁、珊瑚礁

日本能見處

- 沖繩美麗海水族館
- 海遊館 等

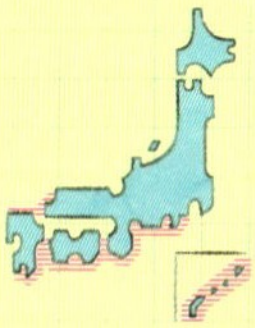

台灣能見處

- 遠雄海洋公園
- 野柳海洋世界
- XPark 等

粗(ㄘㄨ)皮(ㄆㄧˊ)單(ㄉㄢ)棘(ㄐㄧˊ)魨(ㄊㄨㄣˊ)

學名：*Rudarius ercodes*

在雌魚身後爭先恐後
排隊的雄魚

哇、哇
哇、哇
呃……
從側面看是
菱形的身體

個魚資料

名稱：粗皮單棘魨

分類：魨形目單棘魨科

體長：5公分

棲地：長有海藻的岩礁

日本能見處

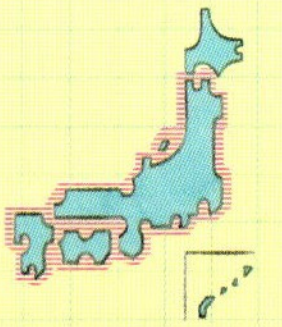

- 仙台海洋森林水族館
- 名古屋港水族館 等

台灣能見處

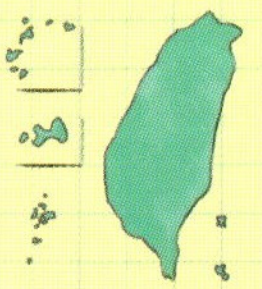

＊台灣海域無分布

粗皮單棘魨是一種體長約5公分的小型魚，生活在長有海藻或海草*的淺海中。在繁殖期間，會有很多隻雄魚排成一列，追在一隻雌魚身後，想爭奪牠的歡心。游在隊伍最前面的雌魚，很像帶領隊伍的隊長，而隊伍中的雄魚們則爭先恐後地想要游到最前端，吸引雌魚隊長的注意。

＊海藻是水中藻類的一種，海草則是有根莖葉的開花植物。

帶斑鳚杜父魚

學名：*Pseudoblennius zonostigma*

想要生孩子還要先找到海鞘

海鞘、海鞘
雌魚的產卵管能伸縮自如
看起來像鳳梨的海鞘

雄性鮋杜父魚以長長的交尾器聞名

鮋杜父魚的交尾器與身體大小相比非常大。

攝影／大阪市立大學 安房田智司

帶斑鮋杜父魚棲息在岩礁或海藻豐富的區域。當雌魚進入繁殖期時，會尋找海鞘，並在其周圍游動，找機會產卵。有很多魚會選擇在水中、岩縫或海藻陰影下產卵，而這種魚偏好將卵產在海鞘體內。

在海鞘體內發育的卵，不僅溶氧充足，也不容易受到攻擊，是非常安全又理想的育卵場所。不過，帶斑鮋杜父魚也承擔著另一種風險——要是找不到海鞘，繁衍就會成為一場無法完成的艱困挑戰。

個魚資料

名稱	帶斑鮋杜父魚
分類	鮋形目杜父魚科
體長	18公分
棲地	岩礁、海藻林

日本能見處

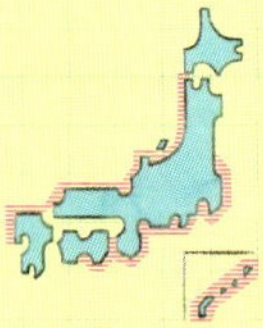

台灣能見處

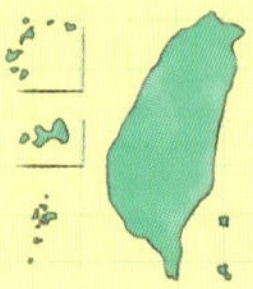

*台灣海域無分布

棘頭副葉鰕虎

學名：*Paragobiodon echinocephalus*

我們都是男生？
該怎麼辦？
從前面看，就像
不倒翁一樣圓

棘頭副葉鰕虎是一種身長約3公分的小魚，棲息在珊瑚枝間。這種魚通常以一對雄魚與雌魚的形式生活在一起，牠們的伴侶很固定，只有當其中一方因疾病或敵害而死亡，才有可能加入新的成員。

不過，新加入的魚不一定是異性。當雄性死亡、只剩一隻雌性時，加入的魚有可能也是雌性，這時候，體型較大的那一方就會轉變為雄性；反之，如果雙方都是雄魚，就會是體型較小的魚變成雌性。棘頭副葉鰕虎具有這種神奇的彈性應對能力，能配合對象改變性別。

先決定對象 再決定自己的性別

那麼這次就
我當女生囉
看起來像細毛的微小突起物

個魚資料

名稱：棘頭副葉鰕虎

分類：鱸形目鰕虎科

體長：3公分

棲地：珊瑚礁

日本能見處

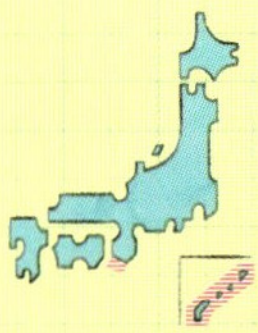

台灣能見處

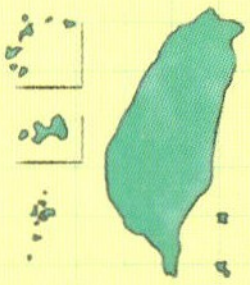

＊台灣海域無分布

魚類學家閒談

在魚類當中有些物種，像裂唇魚和絲鰭擬花鮨，出生時是雌性，長大後就會轉變為雄性；也有相反的情況，例如克氏雙鋸魚，則是由雄性轉變為雌性。這已經夠不可思議了，但棘頭副葉鰕虎卻更厲害，不僅雌魚能變成雄魚，雄魚也能變回雌魚，具備雙向轉變的能力，這種現象稱為「性別轉變」。

為了留下後代的各種戰略守則

對魚兒來說，人生中最重要的事，莫過於留下自己的後代。有些魚為了繁衍與育兒，展現出的行為可是完全超乎人類想像！

在肚子裡孵育然後再生產

大部分的魚都會直接產卵，但海鯽魚跟人類一樣，會讓寶寶在肚子裡孕育後再生產。不過，兩者孕育的寶寶數量差很多，這種魚可以一次孕育數十條小魚喲。

體型大的孩子才會生出來

許多鯊魚的生殖和養育方式都很有個性，其中特別引人注目的是錐齒鯊，牠們會在母親的子宮中吃掉自己的兄弟姊妹，這一點以人類的角度看簡直不可思議。

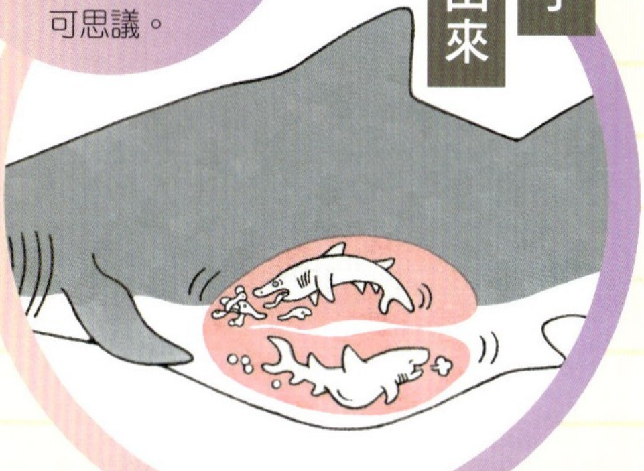

用嘴巴守護著卵

富含營養的魚卵對其他魚而言，是美味又健康的食物。為了守護珍貴的卵，有些魚會用嘴巴保護並孵育自己的卵。

交給其他生物守護

有些魚會將卵產在貝殼或海鞘等其他生物體內，將保護後代的工作交給牠們。這樣的行為乍看很不負責任，其實也是讓後代成功生存的戰略之一！

第3章

魚兒們為了生存的怪奇演化

條紋蝦魚

學名：*Aeoliscus strigatus*

從敵人眼前消失的──身體扁平術

尾鰭在腹側處
尾鰭的末端看起來像是背鰭的一部分

條

紋蝦魚棲息在珊瑚礁和海藻林等淺海中，牠們的身體非常薄，而且覆蓋著稱為「甲板」的堅硬板狀物，因此又被叫做「玻璃魚」、「甲香魚」或「刀片魚」等。牠們的吻部像管子一樣長長地延伸出去，小巧的嘴以浮游生物為食。條紋蝦魚總是頭朝下，輕輕地動著小鰭，緩慢而靜靜地游動，呈現24小時倒立的狀態。由於身體非常薄，條紋蝦魚的身影能夠融入周圍的景觀，不容易被發現。條紋蝦魚應該是為了躲避敵人，才演化出扁平的身體，再配合十分緩慢的游速，以這種降低存在感的方式，大大提升了存活率。

個魚資料

名稱：條紋蝦魚

分類：棘背魚目玻甲魚科

體長：15公分

棲地：珊瑚礁

日本能見處

- 青森縣營淺蟲水族館
- IO WORLD 鹿兒島水族館
- 沖繩美麗海水族館 等

台灣能見處

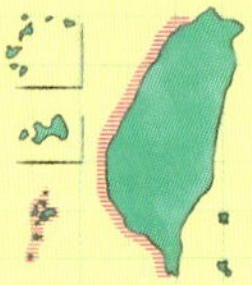

- 金車水產養殖研發中心
- 國立海洋生物博物館
- 野柳海洋世界 等

魚類學家閒談

我在珊瑚礁區域進行魚類調查時，曾在水深3公尺的地方遇到了一小群條紋蝦魚。牠們十分緩慢地在海底附近游動。當我靠近並想採集牠們時，條紋蝦魚將身體稍微抬起、呈斜角狀，並拼命地動著鰭試圖逃跑，但由於牠們的動作比較慢，還是很快就被我追上了。

日本下鱵

學名：*Hyporhamphus sajori*

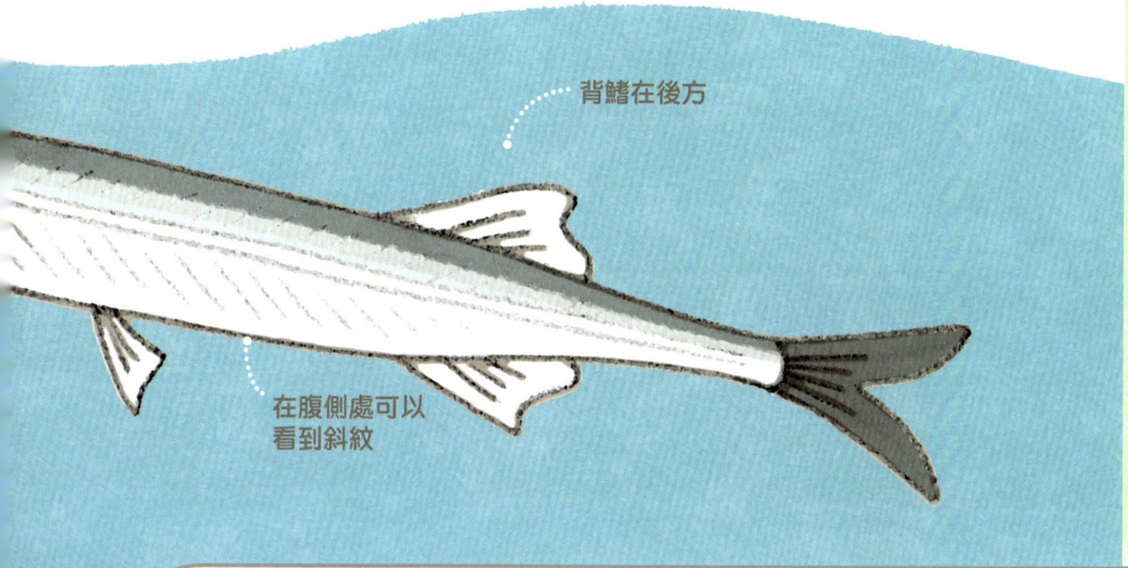

背鰭在後方
在腹側處可以
看到斜紋

日本下鱵生活在溫帶和熱帶海洋的表層，牠們在春夏時節會靠近岸邊，因此在漁港或堤防可以看到日本下鱵聚集而成的魚群。仔細觀察可以發現，牠們的外形跟秋刀魚很像，身體薄而細長，最顯著的特徵是長長的下顎。牠們下顎向前突出，長度超過上顎超多，形成很大的落差，也就是所謂的「戽斗」。受到了嘴巴的限制，日本下鱵無法補食在海底的獵物，不過這種下顎卻非常適合用來食用海面上的小魚蝦。日本下鱵在完全放棄海底的獵物同時，也成為了海面食物的超強獵食者，這就是「有得必有失」吧！

太想吃水面上的食物
長出了超級下巴！

剖開的話是全黑的腹腔！

日本下鱵的體內是從銀色的外表來看難以想像的黑。因此也被說是「腹黑」一詞的由來。

個魚資料

名稱：日本下鱵

分類：頜針目鱵科

體長：40公分

棲地：沿岸

日本能見處

● 海藍寶石福島水族館 等

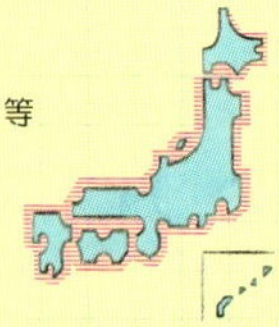

台灣能見處

牙鮃

ㄧㄚˊ ㄆㄧㄥˊ

學名：*Paralichthys olivaceus*

牙鮃的兩隻眼睛都位於身體的左側，有「半邊魚」、「扁魚」、「比目魚」等的別名。在脊椎動物中，只有牙鮃和鰈魚的眼睛位於身體的同一側。如果觀察牙鮃的幼魚，會發現牠們的眼睛像其他魚類一樣，分別位於身體的兩側。隨著逐漸成長，牠們的右眼會慢慢繞過頭頂，移動到身體左側，當右眼的移動完成後，牙鮃也會從海面附近下沉，並開始在海底生活。牙鮃右眼移動的同時，頭部的骨骼也會稍微扭曲，因此仔細觀察牠們的臉部，會發現牠們的頭部呈現出一種奇妙的形狀。

不僅眼睛會移動 頭的形狀也會改變

個魚資料

名稱：牙鮃

分類：鰈形目牙鮃科

體長：85公分

棲地：沿岸的沙泥底

日本能見處

- 海遊館
- 下田海中水族館 等

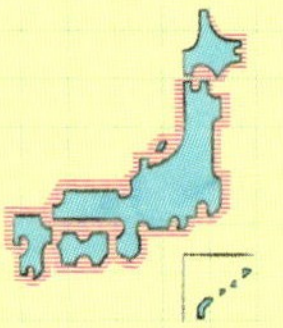

台灣能見處

- 澎湖水族館（不定期）
- Xpark 等

魚類學家閒談

牙鮃的身體看起來像魟魚一樣，是從背部方向被上下壓扁的，但實際上牠們是從左右兩側被壓扁，看起來很像被上下壓扁的原因，應該是因為牙鮃的眼睛會跑到同一側。若將牙鮃的身體右側向下、橫放在海底，隨著海浪波動而晃動時，看起來就像鯛魚游泳時左右擺動的姿勢一樣。

日本松毬魚

學名：*Monocentris japonica*

能敏捷游泳的
伯特氏鋸鱗魚

防禦能力高出天際
游泳能力慢到不行

緊密相連的
大片鱗片

下顎下方擁有能在黑暗中發光的發光器

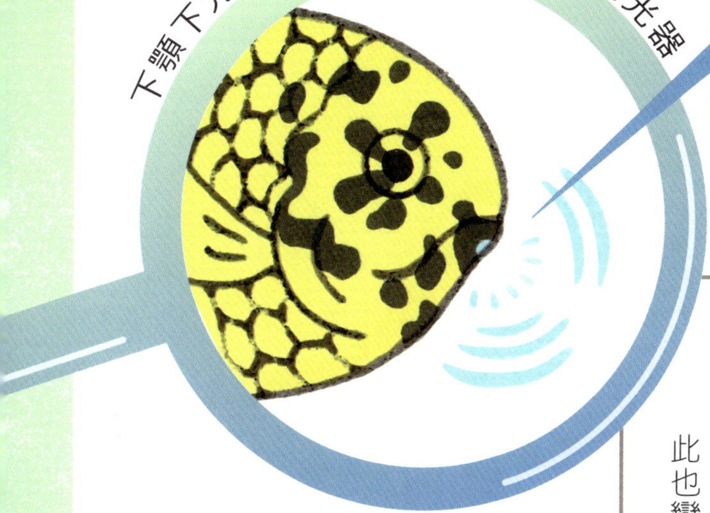

下巴下方處寄生著一種名為「光合細菌」的微小生物，因此在黑暗中會閃閃發光。

日本松毬魚的身體從側面看是渾圓的球形，也被稱作「松球魚」、「鳳梨魚」、「刺毬」等。牠的身體表面被大而堅硬的鱗片覆蓋，由於鱗片的邊緣是黑色的，看起來很像松果，因此也變成其名稱的由來。除了像鎧甲一樣的鱗片外，日本松毬魚背鰭和腹鰭上還有堅硬的刺，而且這些刺可以豎立起來並牢牢固定。不過，雖然防禦能力十分完善，大鱗片卻限制了身體的活動能力，導致牠們不是很擅長游泳。

個魚資料

名稱：日本松毬魚

分類：燧鯛目松球魚科

體長：8公分

棲地：沿岸的岩礁

日本能見處

- 魚津水族館
- 沖繩美麗海水族館
- 橫濱八景島海島樂園 等

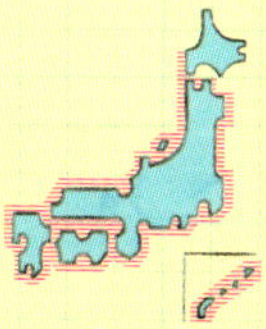

台灣能見處

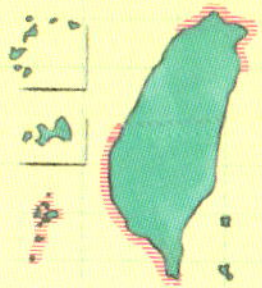

- 澎湖水族館（不定期）
- Xpark 等

尤氏擬管吻魨

學名：*Macrorhamphosodes uradoi*

用歪七扭八的嘴巴吃掉別人的鱗片

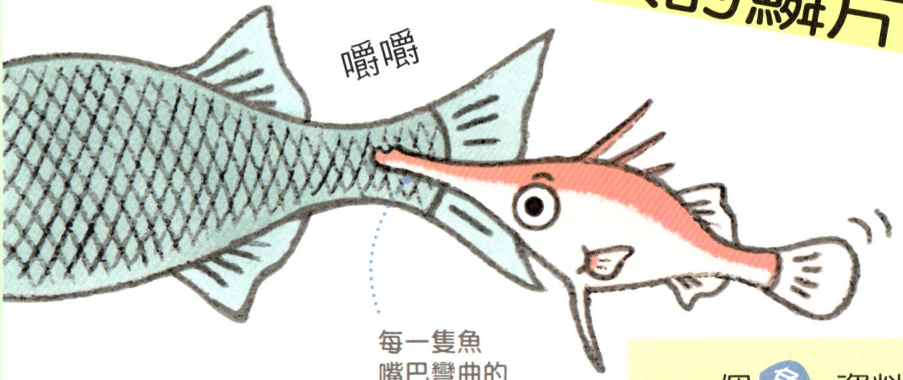
嚼嚼
每一隻魚
嘴巴彎曲的
方式都不一樣

尤氏擬管吻魨也被稱為「三刺魨」或「寬口管吻魨」，牠的嘴像一根長長的管子，會向左或向右扭曲。仔細察看牠們的消化管，可以發現其他魚類的鱗片。也就是說，尤氏擬管吻魨很可能會偷偷地靠近其他魚類，並用彎彎的嘴吃掉牠們身上的鱗片。

個魚資料

名稱：尤氏擬管吻魨

分類：魨形目擬三棘魨科

體長：17公分

棲地：近海海底

日本能見處

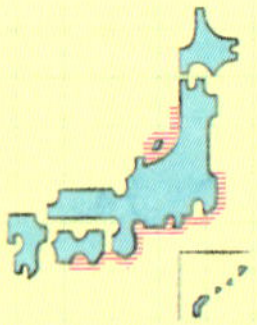

台灣能見處

*東沙群島可見

單(ㄉㄢ)角(ㄐㄧㄠˇ)革(ㄍㄜˊ)單(ㄉㄢ)棘(ㄐㄧˊ)魨(ㄊㄨㄣˊ)

學名：*Aluterus monoceros*

因為有櫻桃小嘴 進食方式超奇怪！

個魚資料

名稱：單角革單棘魨

分類：魨形目單棘魨科

體長：75公分

棲地：沿岸

日本能見處

- 市立下關水族館海響館
- 竹島水族館 等

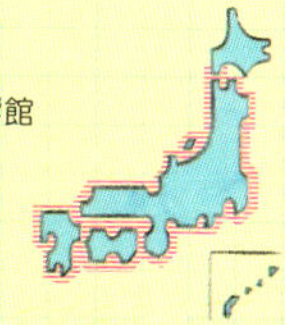

台灣能見處

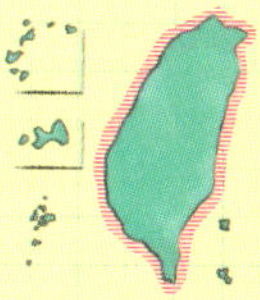

＊北部及東北部較多，人工礁區亦常見

單角革單棘魨最喜歡的食物就是水母。牠們在進食時，通常會將柔軟的水母撕成小塊食用，有時也會如同削蘋果皮一般精巧地啃食。進食如此有儀式感，並且大費周章的原因，是因為單角革單棘魨的嘴非常非常地小。牠的別名有「白達仔」、「薄葉剝」、「狄仔魚」、「剝皮魚」等。

鋸尾副革單棘魨

學名：*Paraluteres prionurus*

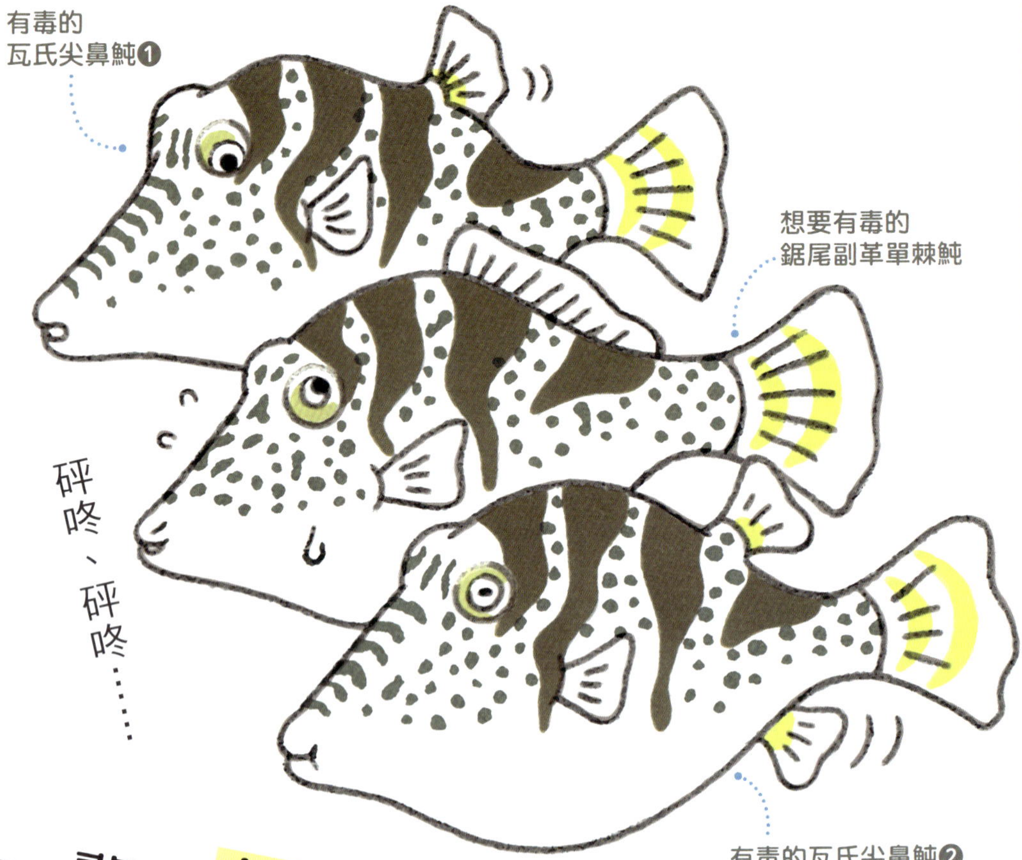

一輩子都夢想能成為有毒的河魨

區分點在於背鰭和臀鰭。鋸尾副革單棘魨的鰭比瓦氏尖鼻魨的更長。
鋸尾副革單棘魨
瓦氏尖鼻魨
仔細看的話背鰭和臀鰭都不一樣呢！

鋸尾副革單棘魨也會被叫做「假橫帶扁背魨」、「鞍斑單棘魨」等，牠們是單角革單棘魨生活在珊瑚礁中的好夥伴，體型跟有毒的瓦氏尖鼻魨非常像，身體上的花紋也幾乎一模一樣。就像有些無毒的昆蟲為了生存會模仿有毒的昆蟲（如貝氏擬態），魚類中也有這種「狐假虎威＊」的生存策略。鋸尾副革單棘魨和瓦氏尖鼻魨的區別在於背鰭和臀鰭根部的長度，如果不仔細觀察，會很容易忽略這個細節呢！

＊借助比自己強大的力量來逞威風。

個魚資料

名稱：鋸尾副革單棘魨

分類：魨形目單棘魨科

體長：8公分

棲地：珊瑚礁、岩礁

日本能見處

- 葛西臨海水族園

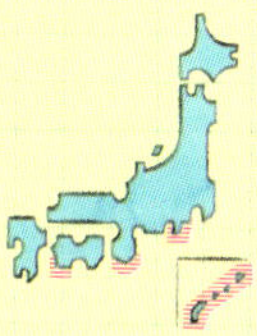

台灣能見處

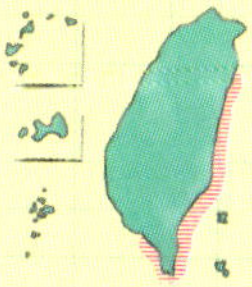

細鰭短吻獅子魚

學名：*Careproctus rastrinus*

鬆鬆軟軟～
沒有鱗的身體

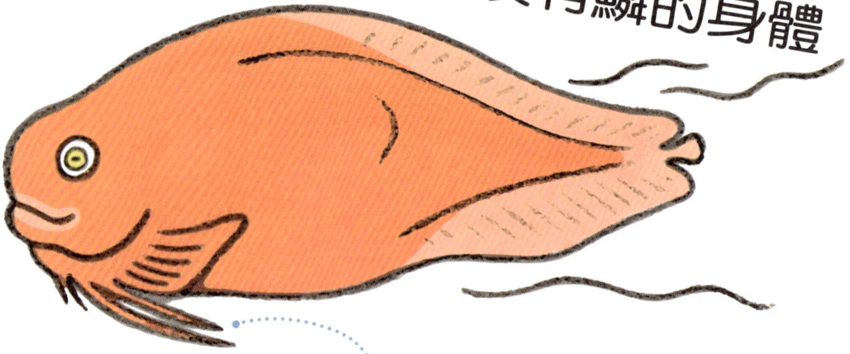

下巴的鬚其實是腹鰭的一部分

個魚資料

名稱：細鰭短吻獅子魚

分類：鱸形目獅子魚科

體長：33公分

棲地：深海

日本能見處

●尼克斯海洋公園 等

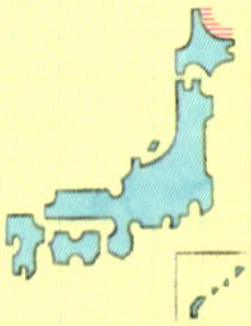

台灣能見處

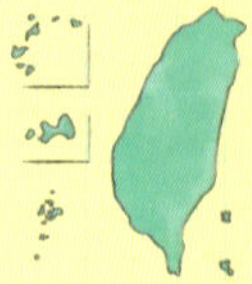

＊台灣海域無分布

細鰭短吻獅子魚是一種生活在深海中的獅子魚。牠們的身體軟綿綿的，跟愛玉很像。牠們的動作緩慢，泳姿並不活潑。雖然如此，但在進食時，牠們可以把嘴巴張得很大，一瞬間就把食物吞下。

在淺海的珊瑚礁中，有另一種別名也叫做獅子魚的魚（P148），但除了名字以外牠們沒有任何關係，連長相也大相逕庭呢！

伸口魚（ㄕㄣ ㄎㄡˇ ㄩˊ）

學名：*Epibulus insidiator*

飛出來的嘴巴
長度幾乎跟頭
的長度一樣

嘴巴張開之後 簡直判若兩魚

個魚資料

名稱：伸口魚

分類：鱸形目隆頭魚科

體長：35公分

棲地：珊瑚礁、岩礁

日本能見處

- 沖繩美麗海水族館
- 葛西臨海水族館
- 新潟市水族館瑪淋批亞水族館 等

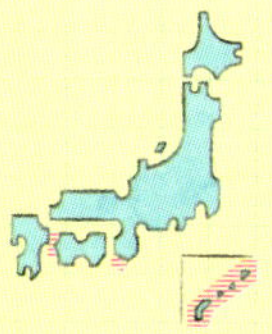

台灣能見處

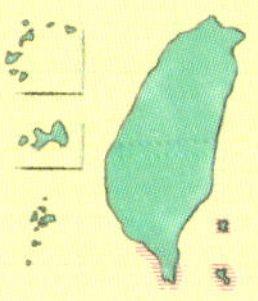

別名「闊嘴郎」的伸口魚，進食時的模樣與平時截然不同。在吃東西的時候，牠的嘴巴能大幅地向前伸展，幅度大到看起來像是下巴脫臼了。這種向外突出的管狀嘴巴，因為特殊的形狀成為功能強大的吸塵器，可以幫助伸口魚順利吸取躲在珊瑚和岩石縫隙中的獵物。

蠕紋裸胸鯙

學名：*Gymnothorax kidako*

渾身肌肉的健美先生

游泳技巧卻很爛

同為鯙類的管鼻鯙生活在溫暖的海域，在幼魚時期身體呈現黑色，長大後雄魚會變成藍色，雌魚會全身變為黃色。

熱帶地區也有色彩鮮豔的鯙類

蠕紋裸胸鯙又叫做「錢鰻」、「薯鰻」、「虎鰻」等，牠棲息在沿岸的岩礁中，身體像蛇一樣長，卻沒有尾鰭。由於身體的形狀，牠無法像普通的魚那樣游泳，但可以通過扭動長長的身體來前進。蠕紋裸胸鯙的肌肉非常強壯，被抓捕之後即使關在桶子裡，牠也能用尾巴的尖端插進蓋子和桶身之間的縫隙，把蓋子撬開。牠的肌肉之所以如此發達，很有可能是平常需要透過S形運動襲擊獵物，久而久之鍛鍊出來的。

個魚資料

名稱：蠕紋裸胸鯙

分類：鰻形目鯙科

全長：80公分

棲地：岩礁

日本能見處

- 海遊館
- 陽光水族館
- 竹島水族館 等

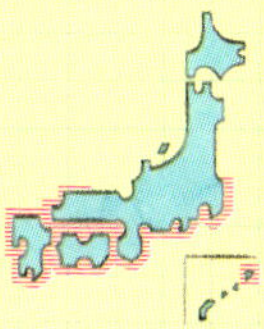

台灣能見處

- 遠雄海洋公園 等

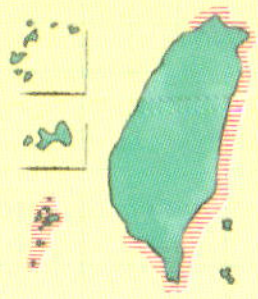

皺ㄓㄡˋ鰓ㄙㄞ鯊ㄕㄚ

學名：Chlamydoselachus anguineus

晃啊
晃啊
皺鰓鯊的六
個鰓孔延伸
到腹側
哈……哈……
明明是鯊魚
游泳卻超慢

皺鰓鯊跟一種原始鯊魚很類似——生活在三億七千萬年前古生代的「裂口鯊」。牠們的嘴上長有許多小而鋒利的牙齒，主要以魷魚為食。在全世界的深海中生活，而在日本主要分佈在靜岡縣的駿河灣。

皺鰓鯊有很多特徵與其他鯊魚明顯不同，牠們生活在深海、體型十分細長，還長有六個鰓孔，比大部分的鯊魚多出一個。通常鯊魚都生活在淺海，並且能迅速、有力地游動，相比之下皺鰓鯊的動作緩慢許多。因為細長的身體與彎曲緩慢的游動方式，牠們也有「擬鰻鮫」的別名。

個魚資料

名稱：皺鰓鯊

分類：六鰓鯊目皺鰓鯊科

全長：2公尺

棲地：深海

日本能見處

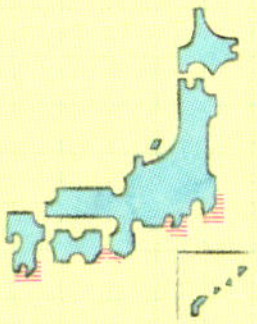

- 東海大學海洋科學博物館（液浸標本）
- 沼津深海博物館（液浸標本）
- 橫濱八景島海島樂園（液浸標本）等

台灣能見處

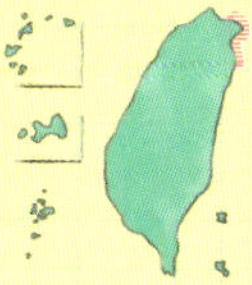

- 國立海洋科技博物館（標本展示）

鯊魚會不斷更換約300顆細小的牙齒

攝影／松浦啓一

要是鯊魚的牙齒出現缺損，較為內側的牙齒就會往外移動填補空隙。而最內側的部分會不斷長出新的牙齒。

哈氏異糯鰻

學名：*Heteroconger hassi*

哈氏異糯鰻又叫做「花園鰻」或「沙鰻」，牠們生活在珊瑚礁旁的沙底，身體非常細長，幾乎有一半是尾巴。牠們會利用這條長尾巴在海底的泥沙挖洞，然後把身體插入挖出的洞裡，只伸出有頭部的前半段，捕食浮游生物，並以這種特別的方式生活。

挖洞超好用的超長尾巴比身體還長

個魚資料

名稱	哈氏異糯鰻
分類	鰻形目糯鰻科
全長	80公分
棲地	珊瑚礁的沙底

日本能見處

- 墨田水族館
- 仙台海洋森林水族館
- 京都水族館 等

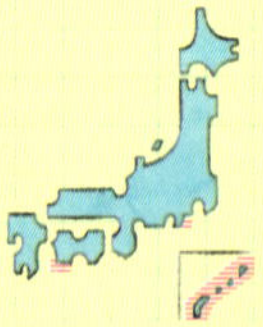

台灣能見處

- 金車水產養殖研發中心
- 國立海洋科技博物館
- Xpark 等

太平洋黑鮪

學名：*Thunnus orientalis*

能將鰭摺疊起來以調整速度

要是停止游泳會完全無法呼吸

個魚資料

名稱：太平洋黑鮪

分類：鱸形目鯖科

體長：3公尺

棲地：外海

日本能見處

● 葛西臨海水族園

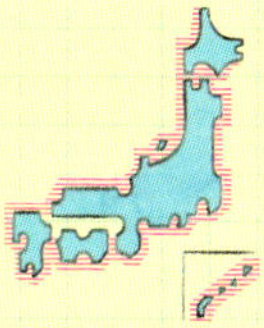

台灣能見處

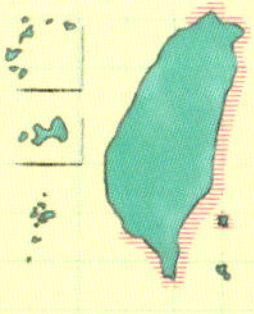

想

要不停高速游泳，黑鮪魚需要持續攝取大量氧氣。為了達成這個目標，牠們即使在睡覺時也必須繼續游泳，並張著嘴巴吸收含氧水。如果將黑鮪魚放入無法游泳的小水槽中，將會導致其死亡。牠們的別名有「東方金槍魚」、「黑甕串」、「東方藍鰭鮪」等。

日本帶魚

學名：*Trichiurus japonicus*

雖然**牙齒超尖銳**吃東西還是**用吞的**

會成群結隊地立著游泳

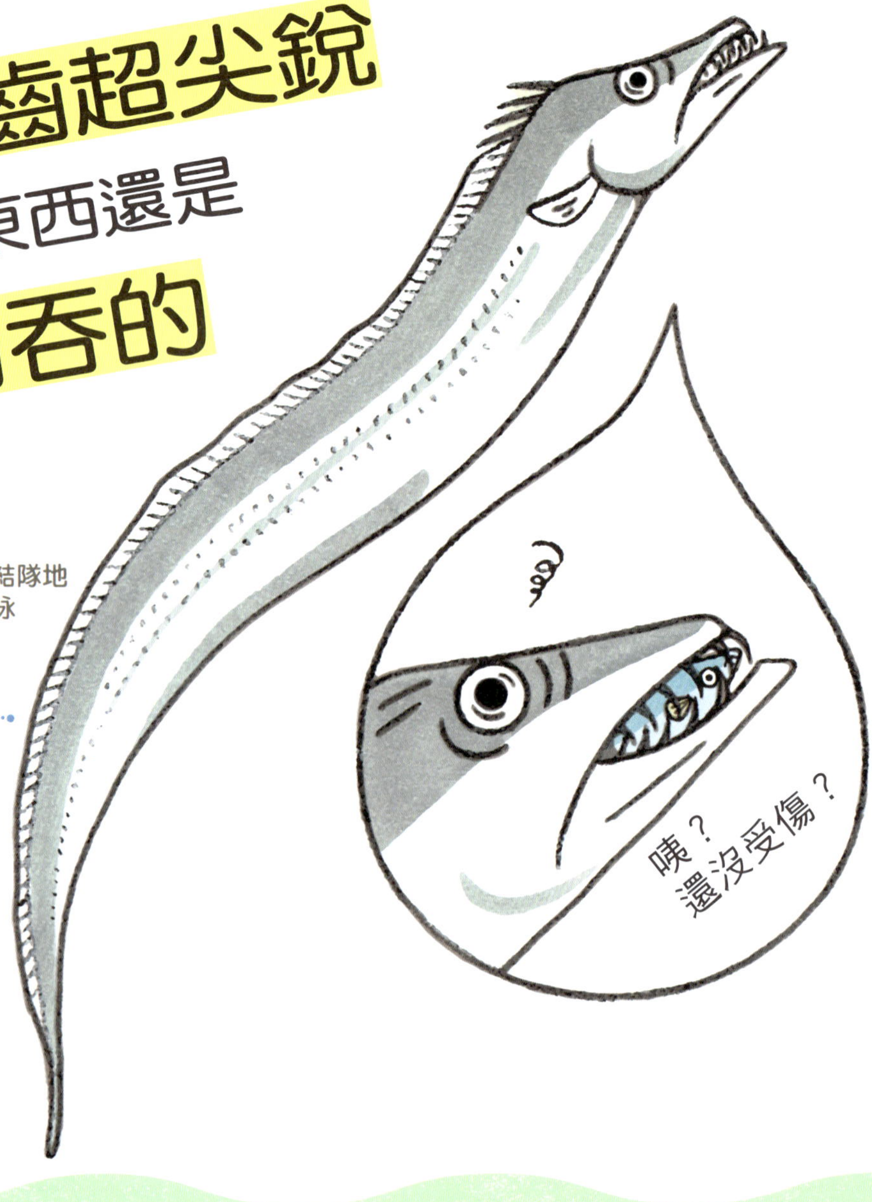

閃耀的銀色物質，取代了覆蓋體表的鱗片

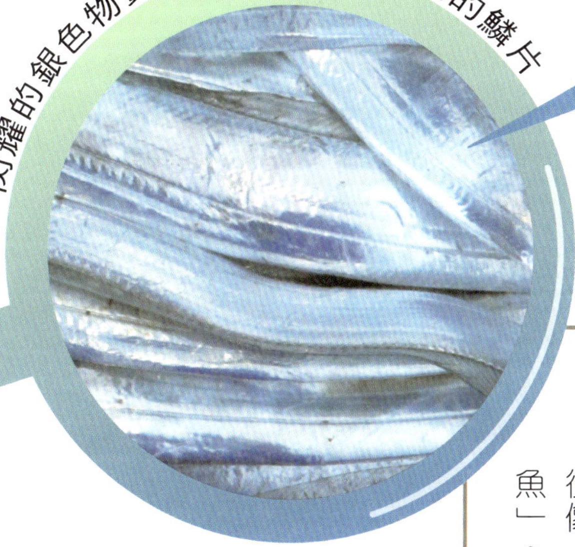

日本帶魚沒有鱗片，牠們銀色的身體，是由一種叫做「鳥嘌呤」的物質所覆蓋。當牠們還活著時，閃到可以反光的身體就像一面鏡子。

日本帶魚有「白帶」、「瘦帶」等別名，跟同樣被稱作「白帶」的白帶魚（Trichiurus lepturus）相比，牠的虹膜與背鰭都更偏白一點。另外，因為長得跟太刀很像，所以牠又被稱為「太刀魚」。日本帶魚在前進時頭會朝上，所以看起來很像在直立游泳。牠的牙齒又大又尖，對釣客來說很危險，在解鉤時一不小心就會受傷。這些牙齒常被誤認為會用來撕裂獵物，但實際上它們只能困住獵物，等獵物無法逃脫後，才會被日本帶魚一口吞下肚。

個魚資料

名稱：日本帶魚

分類：鱸形目帶魚科

體長：210公分

棲地：近海的淺海

日本能見處

●宮島水族館 等

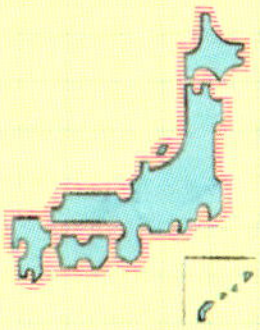

台灣能見處

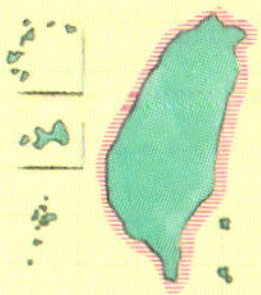

縱(ㄗㄨㄥˋ)帶(ㄉㄞˋ)盾(ㄉㄨㄣˋ)齒(ㄔˇ)鳚(ㄨㄟˋ)

學名：*Aspidontus taeniatus*

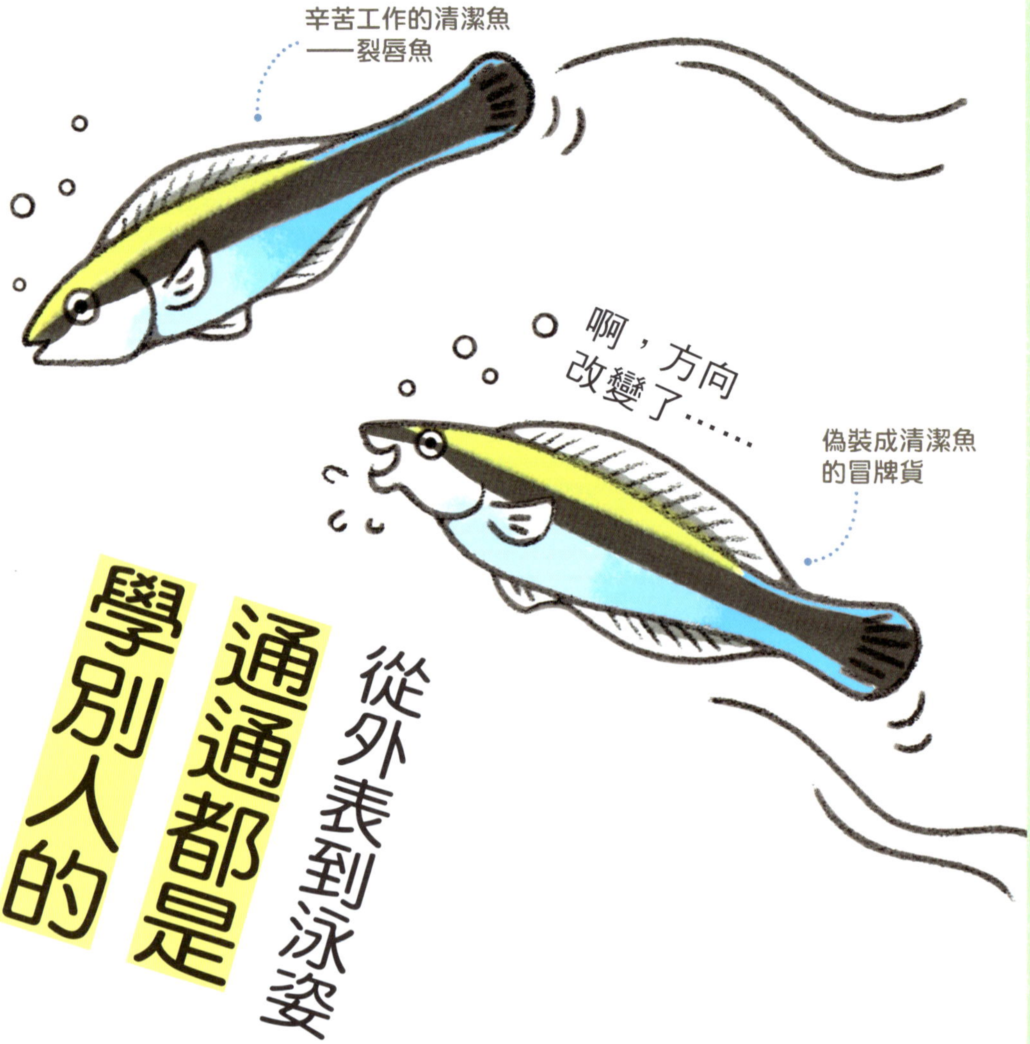
辛苦工作的清潔魚
——裂唇魚
啊，方向
改變了……
偽裝成清潔魚
的冒牌貨

從外表到泳姿
通通都是
學別人的

個魚資料

名稱：縱帶盾齒鯯

分類：鱸形目鯯科

體長：12公分

棲地：珊瑚礁、岩礁

日本能見處

- 葛西臨海水族園
- 串本海中公園（海中瞭望台有機率可見）等

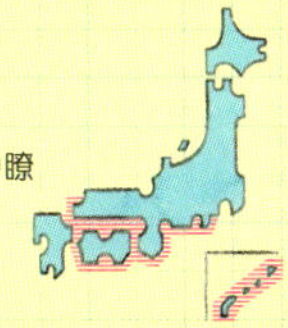

台灣能見處

- 遠雄海洋公園
- 國立海洋生物博物館 等

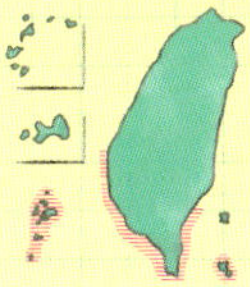

分辨真假魚醫生的關鍵，在於牠們嘴巴的位置

裂唇魚的嘴巴正對臉部，而縱帶盾齒鯯的嘴巴則是朝下的，這是牠們沒有模仿到的地方。

縱帶盾齒鯯又會被叫做「狗鰷」、「三帶鈍齒鯯」、「假魚醫生」或「假飄飄」。在珊瑚礁海域，其他魚為了清除寄生蟲，會到作為魚醫生的裂唇魚家中，排隊請牠幫忙。縱帶盾齒鯯的體型、體色和游泳方式都完全模仿裂唇魚，以便接近其他的魚，並趁機咬下牠們的表皮。雖然這種行為看起來非常狡猾，但仔細研究縱帶盾齒鯯的行為後，發現牠們也會吃大旋鰓蟲和雀鯛的卵。也就是說牠們並不是完全以欺騙和攻擊其他的魚維生，牠們的主要食物和生活模式會因為住的海域環境不同而發生變化。

為了生存演化出超有個性的嘴巴

讓我們一起來注意一下魚的嘴巴，可以試著從牠們獨特的嘴部形狀推測看看，這些魚通常都吃甚麼樣的食物？又生活在怎樣的環境裡？

可以幫助攀岩的吸盤狀嘴巴

日本瓢鰭鰕虎會用前端像吸盤一樣緊貼在岩石上。這個吸盤其實是柔軟的嘴唇。

專門捕食海面食物的突出下巴

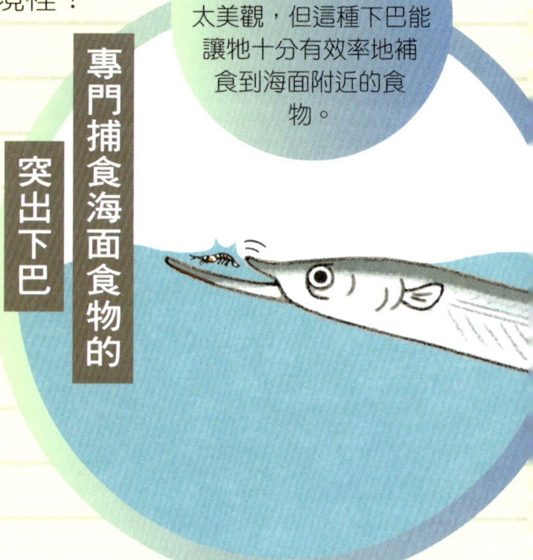

日本下鱵的下巴這麼突出是有原因的。雖然可能不太美觀，但這種下巴能讓牠十分有效率地補食到海面附近的食物。

把握難得機會的超大嘴巴

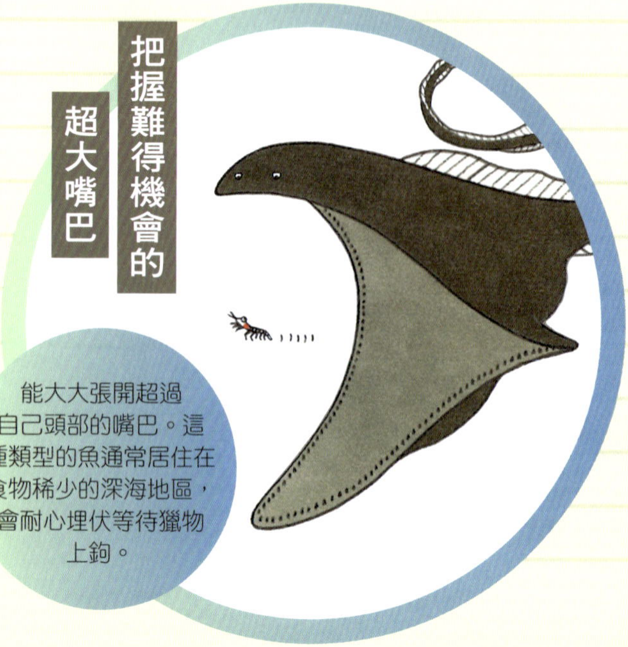

能大大張開超過自己頭部的嘴巴。這種類型的魚通常居住在食物稀少的深海地區，會耐心埋伏等待獵物上鉤。

吸力超強的管狀嘴巴

管口魚的長嘴巴具有超強吸力，在魚類中首屈一指。對小魚來說，牠的威力就像噴射水槍一樣強大。

第4章

魚兒們和人類間的愛恨情仇

紅(ㄏㄨㄥˊ)鰭(ㄑㄧˊ)多(ㄉㄨㄛ)紀(ㄐㄧˋ)魨(ㄊㄨㄣˊ)

學名：*Takifugu rubripes*

養殖河魨一旦沒有毒之後**脾氣就會很暴躁**

若作為食用魚
比鮪魚還要高級

個魚資料

名稱：紅鰭多紀魨

分類：魨形目四齒魨科

體長：70公分

棲地：沿岸至近海

日本能見處

- 鴨川海洋世界
- 市立下關水族館 海遊館
- 名古屋港水族館 等

台灣能見處

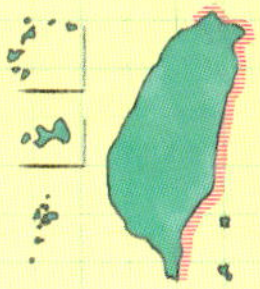

魚類學家閒談

河魨料理師傅必須接受專業訓練，學習河魨的分類與安全料理方法。外行人自己料理河魨是一件非常危險的事，甚至可能有危及生命的風險，因此絕對不可以亂嘗試。每年都有自己處理釣到的河魨，結果吃完後中毒的人，要是因為這樣而失去生命，真的很令人遺憾。

河魨從小就喜歡吃含有河魨毒素（Tetrodotoxin）的動物，並會將大部分毒素儲存在內臟中。當受到敵人襲擊時，牠們會將毒素從身體表面釋放出來以逃脫危險。最近的研究發現，想要河魨健康成長的話，河魨毒素是不可或缺的。若是餵食無毒的飼料給養殖河魨，雖然可以讓牠們變得沒有毒性，可是在失去毒素之後，河魨會變得性情不定、相互攻擊，咬傷彼此的情況也隨之增加。在眾多的養殖河魨當中，紅鰭多紀魨被認為是最美味的一種，也讓牠們成為非常受歡迎的高級食材，牠們的別名有「虎河魨」、「氣規」、「規仔」等。

日本鰻鱺

學名：*Anguilla japonica*

因江戶時代的走紅而面臨滅絕危機

＊土用為各季節交錯時約18天的時期。土用丑日即指在「土用」期間遇到「丑日」的那一天。日文中，丑寫作うし，傳言吃了帶有「う」字的食物，能夠祛病消災，因此鰻魚（うなぎ）也成了必吃食物。

日本鰻鱺又被稱為「白鰻」、「正鰻」，牠們會在離日本相當遙遠的馬里亞納群島產卵，然後隨著洋流漂回日本。剛孵化的幼魚形狀像柳葉，又叫「柳葉狀幼體」，牠們在漂流的過程中會發生變態，身體變得細長，然後才進入河川，變為成魚的型態。江戶時代，有鰻魚店家以「土用丑日＊進補吃鰻魚」的廣告語來宣傳，意外地超成功，直接使日本鰻鱺迅速走紅，成為日本人最愛的食材之一。沒想到如今，日本鰻鱺也因此面臨絕滅危機，這個故事對牠們來說無疑是一齣悲劇。

個魚資料

名稱：日本鰻鱺

分類：鰻鱺目鰻鱺科

全長：60公分

棲地：河川、湖泊、沼澤到沿岸

日本能見處

- 水世界茨城縣大洗博物館
- 新潟縣水族館馬琳批匹亞日本海
- 京都水族館 等

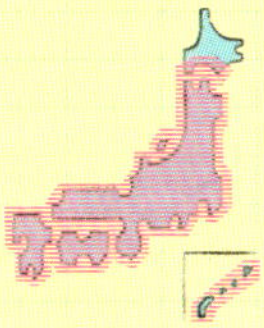

台灣能見處

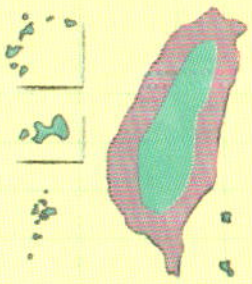

＊分布於河流中下游與河口

剛出生的日本鰻鱺有著透明且神祕的模樣

攝影／M. J. ミラー

剛孵化的日本鰻鱺被稱為「柳葉狀幼體」，牠們的身體形狀像柳葉，無法靠自身的力量游動，只能被海流帶著前進。

灰三齒鯊
ㄏㄨㄟ ㄙㄢ ㄔˇ ㄕㄚ

學名：*Triaenodon obesus*

個性溫順老實
卻總是出演
反派角色

ZZZZZ……
在水深1公尺的地方
也可以睡覺

個魚資料

名稱：灰三齒鯊

分類：真鯊目真鯊科

全長：2公尺

棲地：珊瑚礁、岩礁

日本能見處

- 水世界茨城縣大洗博物館
- 沖繩美麗海水族館
- 小樽水族館 等

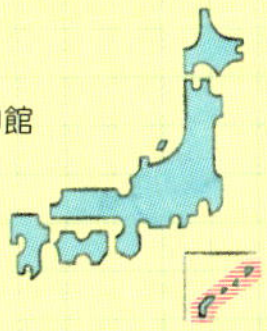

台灣能見處

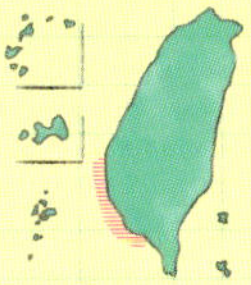

- 金車水產養殖研發中心
- 野柳海洋世界
- Xpark

＊東沙群島偶可見

尾鰭和背鰭的尖端有白點

灰三齒鯊因為尾鰭尖端有白點，因此又被稱為「白鰭鯊（White-tip Shark）」。

灰三齒鯊是一種全長2公尺的小型鯊魚，生活在熱帶的淺海中，又名「鱟鮫」。牠的特徵是背鰭和尾鰭上有明顯的白色斑點。牠們是典型的夜行性鯊魚，白天時，牠們喜歡躲進珊瑚、岩石的縫隙中，在狹窄的地方睡覺，晚上則是牠們的活動時間，牠們會四處游動、尋找獵物。雖然灰三齒鯊性情溫順，但由於牠的體態和大鯊魚很像，加上面容看起來十分兇猛，有時會在電影中扮演兇暴鯊魚的替身。要注意的是，雖然牠們性情溫順，但如果在睡覺時故意戳牠們，仍然可能會被咬喔！

箕ㄐㄧ作ㄗㄨㄛˋ氏ㄕˋ黃ㄏㄨㄤˊ姑ㄍㄨ魚ㄩˊ

學名：*Nibea mitsukurii*

又在抱怨了呢～

想說愛的悄悄話，卻被當成在抱怨

咕——
咕——
用大大的魚鰾發出鳴叫

許多魚類使用魚鰾來調節浮力、控制在水中浮起的高度。石首魚科的魚鰾的形狀因種而異，有些魚鰾上有細小的分支和突起。

具有奇特形狀的魚鰾

個魚資料

名稱：箕作氏黃姑魚

分類：鱸形目石首魚科

體長：40公分

棲地：沿岸的沙泥底

日本能見處

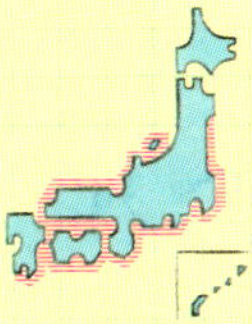

台灣能見處

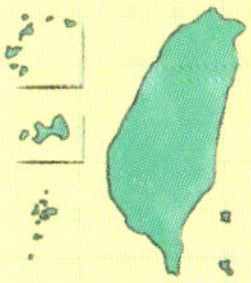

※台灣海域無分布

箕作氏黃姑魚會用肌肉震動其大大的魚鰾來發出聲音。當魚群在海中發出「咕—咕—」的聲音時，聽起來很像是在「抱怨」，因此箕作氏黃姑魚和牠的同伴常被漁夫稱為「抱怨魚」。但其實牠們發出咕聲，是為了向心儀的魚表達愛意，結果被誤會成在抱怨，這樣說來也蠻可憐的。箕作氏黃姑魚的頭蓋骨內有一顆大耳石，可以幫助牠們在海中維持平衡，並且這顆耳石會隨著魚的成長一起變大，因此箕作氏黃姑魚也被稱為「石首魚」。

中華管口魚

學名：*Aulostomus chinensis*

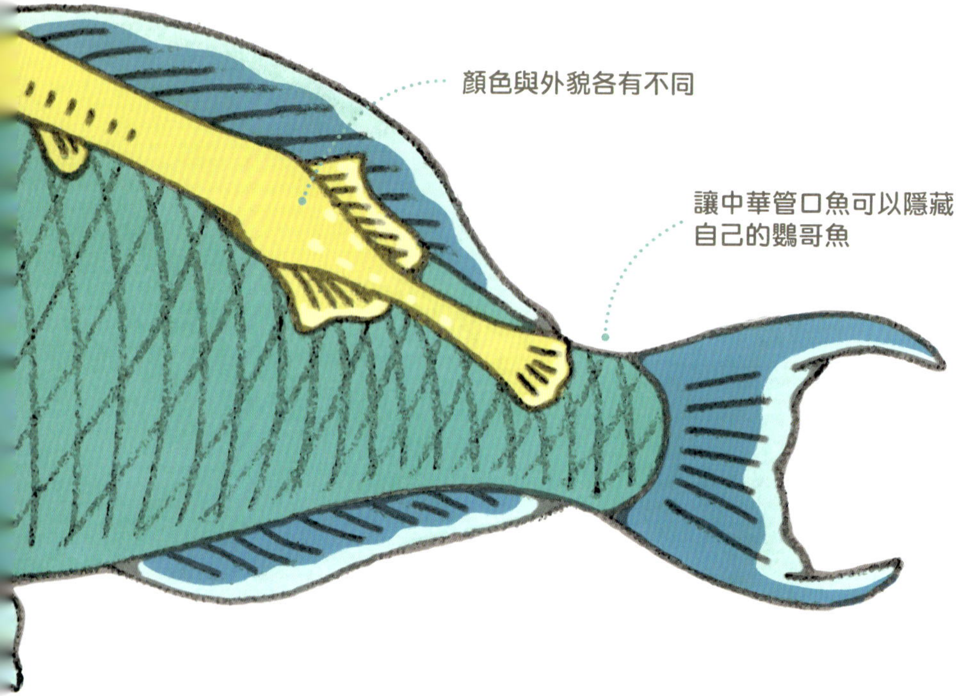
顏色與外貌各有不同
讓中華管口魚可以隱藏自己的鸚哥魚

中華管口魚又名「海龍鬚」、「牛鞭」或「篦箭柄」，牠們生活在珊瑚礁或岩礁中，會利用其他魚類來捕食小魚。其中，鸚哥魚以珊瑚上的藻類為食，因為不吃小魚，小魚也不會警戒鸚哥魚的靠近。中華管口魚正是利用了這一點，躲在鸚哥魚的身體後面，緊緊貼著牠們的背部游動，以藉機靠近小魚。當牠們判斷距離足夠近的時候，就會突然從鸚哥魚身後出現，瞬間把小魚吃掉。這種狩獵方式很巧妙，大大提升了捕食的成功率，但也被認為是利用他人的卑劣行為。

狩獵技巧高超到有點卑鄙

來了～！

個魚資料

名稱：中華管口魚

分類：海龍魚目管口魚科

體長：80公分

棲地：沿岸的珊瑚礁、岩礁

日本能見處

● 葛西臨海水族館 等

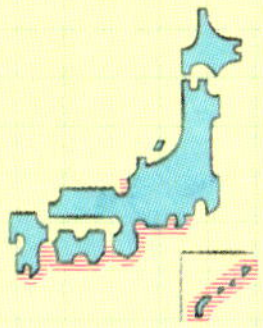

台灣能見處

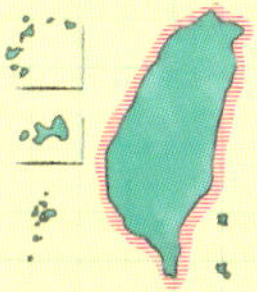

像吸塵器一樣吸食獵物

中華管口魚的細長嘴巴吸力強勁，能夠吸食數十公分之外的食物。

正(ㄓㄥˋ)鰹(ㄐㄧㄢ)

學名：*Katsuwonus pelamis*

活著跟死掉時

條紋居然不一樣

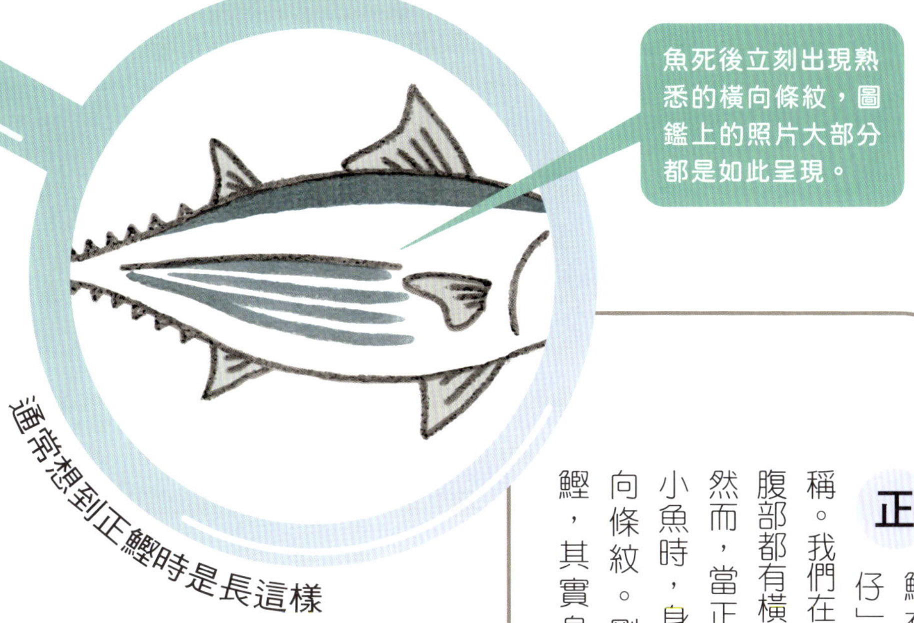
魚死後立刻出現熟悉的橫向條紋，圖鑑上的照片大部分都是如此呈現。
通常想到正鰹時是長這樣

個魚資料

名稱：正鰹

分類：鱸形目鯖科

體長：1.2公尺

棲地：外海

日本能見處

- 海藍寶石福島水族館
- IO WORLD鹿兒島水族館 等

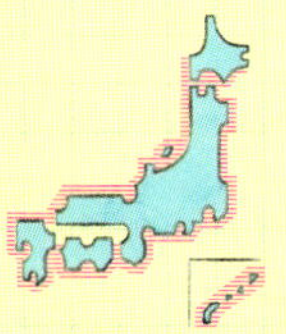

台灣能見處

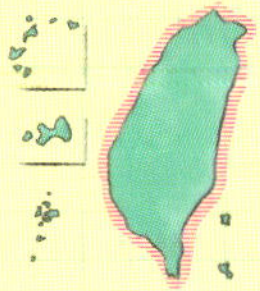

正鰹有「柴魚」、「煙仔」、「小串」等的別稱。我們在市場上看到的正鰹腹部都有橫向的深藍色條紋。然而，當正鰹在捕食並襲擊小魚時，身體兩側會出現縱向條紋。剛被釣上來的正鰹，其實身上沒有橫向條紋，橫向條紋在牠們死亡之後才會出現。由於圖鑑上的標本大多是死掉後的樣子，因此很少有人見過正鰹的縱向條紋。死掉後才以橫向條紋為人所知，活著時的模樣卻幾乎無人知曉，這對正鰹來說真是個悲傷的故事。

真鯛

ㄓㄣ ㄉㄧㄠ

學名：Pagrus major

養殖
是嗎？
怎麼覺得你比較黑？
天然
擁有如同人類臼齒一般的臼齒狀牙齒

如果沒有好好防曬

就會被曬黑

真鯛

真鯛素有「花中之櫻，魚中之鯛」之稱，是日本自古以來在慶祝場合常用的食材，屬於鯛科的一員。大多數情況提到「鯛」的時候，都是在說真鯛。由於味道鮮美，牠們非常受歡迎，也因此被廣泛養殖。然而，在魚池中養殖時，受到紫外線照射的真鯛，體色會像曬黑了一樣變得比較暗沉。因此，養殖業者為了保持真鯛的體色，會在魚池上覆蓋遮光幕，或餵食含有蝦青素（存在於磷蝦等甲殼類動物中的紅色素）的飼料。真鯛的別名有「正鯛」、「真赤鯛」、「嘉鱲魚」等。

個魚資料

名稱：真鯛

分類：鱸形目鯛科

體長：1公尺

棲地：岩礁、沙泥底

日本能見處

- 仙台水之杜水族館
- 名古屋港水族館
- 橫濱・八景島海洋樂園 等

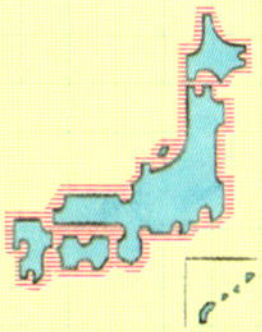

台灣能見處

- 國立海洋科技博物館
- 遠雄海洋公園
- 國立海洋生物博物館 等

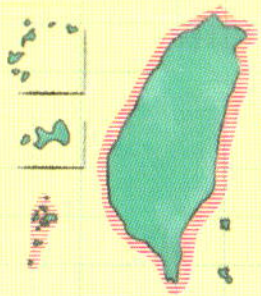

天然與養殖之別，看鼻子就能知道

天然的真鯛鼻子有兩個分開的洞，且擁有如同「！」一般的形狀。另一方面，養殖真鯛鼻子的洞會連起來。

六ㄌㄧㄡˋ斑ㄅㄢ二ㄦˋ齒ㄔˇ魨ㄊㄨㄣˊ

學名：*Diodon holocanthus*

膨脹時豎起的尖刺 竟然有350根

身體可以膨脹到兩倍以上

六斑二齒魨又會被叫做「氣球魚」、「刺規」或「六斑刺魨」。當六斑二齒魨吸入大量的水時，身體會像氣球一樣膨脹起來，覆蓋身體的許多「刺」則會一根根豎起，這樣其他魚類就沒辦法吃掉牠們。仔細數的話會發現牠們的刺真的非常多，可以達到二百六十至三百五千根。

個魚資料

名稱：六斑二齒魨

分類：魨形目二齒魨科

體長：28公分

棲地：珊瑚礁、岩礁

日本能見處

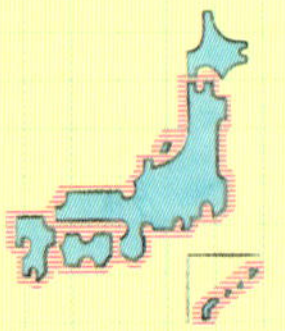

- 青森縣營淺蟲水族館
- 市立下關水族館 海響館 等

台灣能見處

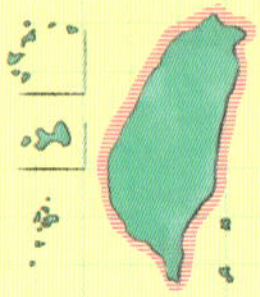

- 金車水產養殖研發中心
- 澎湖水族館
- 國立海洋科技博物館 等

香ㄒㄧㄤ魚ㄩˊ

學名：*Plecoglossus altivelis*

用同伴當誘餌的話
一次就能成功上鉤

香魚以河底石頭上的藻類為食，為了確保自己的食物來源，牠們會劃分地盤並驅趕其他香魚。而釣客會利用香魚的這一習性，將活香魚作為誘餌掛在釣鉤上，引誘前來驅趕的其他香魚上鉤。香魚的別名有「鰈魚」、「年魚」等。由於汙染及濫捕等原因，台灣現在能看見的香魚已經不是原生種。

個魚資料

名稱：香魚

分類：胡瓜魚目香魚科

體長：15公分

棲地：河川、湖泊、沿岸

日本能見處

- 世界淡水魚園水族館 Aqua Totto Gifu
- 森之中水族館（季節性展出）等

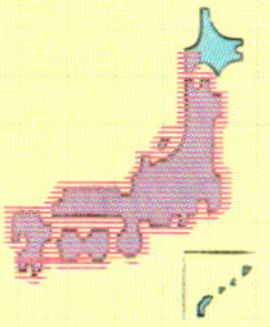

台灣能見處

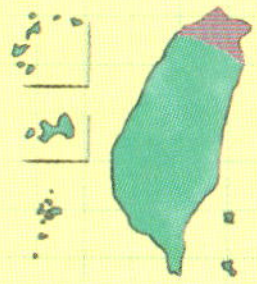

- 遠雄海洋公園
- 國立海洋生物博物館 等

＊原生香魚已滅絕，人工流放種分布於北部。

玫瑰毒鮋

學名：*Synanceia verrucosa*

哇！
也會以沙子將自己隱藏起來
怒

偽裝岩石太成功
結果引發**踩踏危機**

玫瑰毒鮋的身上有許多突狀物，凹凸不平的身體加上跟周圍環境很像的顏色，讓牠看起來非常像珊瑚和岩石，因此牠又叫做「石頭魚」或「腫瘤毒鮋」。當玫瑰毒鮋趴在凹凸不平的岩石上時，只要盡量維持不動，其他魚就很難察覺到牠，這也是牠的捕獵策略——一動也不動地耐心等待獵物，當獵物靠近時就張大嘴巴、一口吞下。不過有時不只是魚類難以發現，人類也很容易忽略牠們。要是不小心被人類踩到，不僅會對玫瑰毒鮋造成巨大影響，被刺到的人類也會因此中毒、產生嚴重後果，可以說是兩敗俱傷。

個魚資料

名稱：玫瑰毒鮋

分類：鮋形目毒鮋科

體長：30公分

棲地：珊瑚礁、岩礁

日本能見處

- 鹿兒島水族館
- 沖繩美麗海水族館

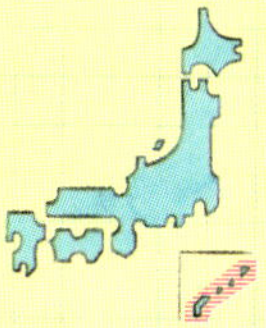

台灣能見處

- 野柳海洋世界
- 金車水產養殖研發中心
- 亞太水族中心 等

魚類學家閒談

有一次我在珊瑚礁採集雀鯛類時，為了更便於作業，用手抵住了海床、支撐身體，結果一回頭才發現玫瑰毒鮋就在我的手邊。如果當時我的手再往旁邊移5公分，手掌肯定會被刺傷。要是被玫瑰毒鮋刺到，會產生非常劇烈的疼痛感，嚴重程度會依據被刺到的部位和個人體質而有不同影響，最嚴重的情況可能會有生命危險。

東ㄉㄨㄥ方ㄈㄤ狼ㄌㄤˊ魚ㄩˊ

學名：*Anarhichas orientalis*

外表兇猛如狼 個性卻很和善

臉頰的肌肉
相當發達

個魚資料

名稱：東方狼魚

分類：鱸形目狼魚科

體長：60公分

棲地：岩礁

日本能見處

- 青森縣營淺蟲水族館
- 小樽水族館
- 新江之島水族館 等

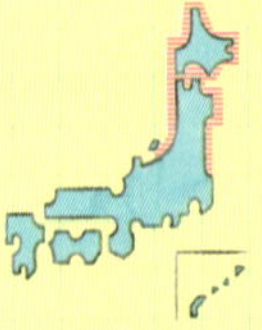

台灣能見處

Xpark（不定期）

＊台灣海域無分布

東方狼魚具有堅固的尖牙，下顎肌肉十分發達，具有驚人的咬合力。牠們能輕鬆咬碎貝殼、螃蟹的甲殼和全身布滿尖刺的海膽。由於牠們的外表兇猛可怕，看起來不能輕易得罪，因此得名「狼魚」。但事實上牠們本性還算和善，不會襲擊人類。

雨傘旗魚

學名：*Istiophorus platypterus*

最快魚類的稱號其實是人類的誤判？！

個魚資料

名稱：雨傘旗魚

分類：鱸形目旗魚科

體長：3公尺

棲地：外海

日本能見處

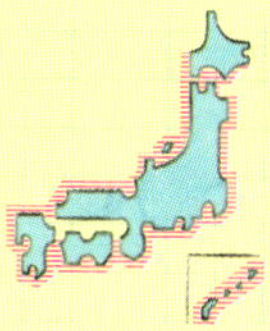

台灣能見處

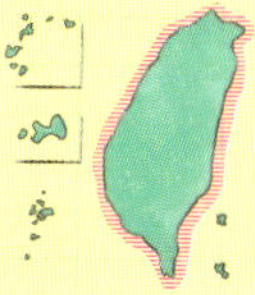

＊東部及南部較多

過去據說旗魚的速度能達到時速一百公里，因此牠們也被稱為最快的魚類。但後來裝上記錄設備重新測量，發現旗魚最快只到時速八十公里。即便在短距離內，旗魚的游速可以略快一點，但還是無法到一百公里那麼快，這可能是因為早期的測法有問題而產生了誤差。牠們的別名有「平鰭旗魚」、「破雨傘」、「雨笠仔」等。

大麻哈魚

學名：*Oncorhynchus keta*

人工放流之後 身體逐漸縮小

這隻也好小啊……
在海中是銀白色，在河流中則變成褐色

個魚資料

名稱：大麻哈魚

分類：鮭形目鮭科

體長：70公分

棲地：從沿岸到外海

日本能見處

- 標津鮭魚科學館
- 鮭魚的故鄉 千歲水族館 等

台灣能見處

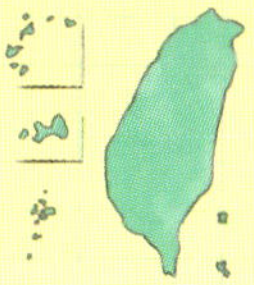

※台灣海域無分布

魚類學家閒談

很多人都會好奇，大麻哈魚是如何返回出生地的？事實上，若是在沿岸，大麻哈魚可以靠著河川的氣味找到出生的河流；然而，如果是在遠洋海域，河川的氣味不太可能傳達到這麼遠的地方。所以經過推測，大麻哈魚應該是利用陽光來判斷方向（這種方法也被叫做「太陽羅盤」），然後以此成功返回家鄉。

俗稱「鈎吻鮭」的大麻哈魚在河流中出生後，會順流而下到海洋中成長。牠們會在海中捕食魚蝦，然後返回出生的河流產卵。由於大麻哈魚的魚子很美味，被過度捕撈後，物種數量變得越來越少。為了增加大麻哈魚的數量，人類利用牠們洄游的習性，捕捉返回河流的成魚，進行人工採卵和授精，等到小魚孵化後再放流到河中。但沒有想到的是，雖然出海的大麻哈魚數量逐年增加，返回河流的大麻哈魚體型卻逐漸變小。據推測應該是因為人工放流的大麻哈魚，成長狀況不如自然生長的魚所導致。

渡ㄉㄨˋ瀨ㄌㄞˋ眶ㄎㄨㄤ燈ㄉㄥ魚ㄩˊ

學名：*Diaphus watasei*

捕上岸之後很像
沒穿衣服

個魚資料

名稱	渡瀨眶燈魚
分類	燈籠魚目燈籠魚科
體長	17公分
棲地	深海

日本能見處

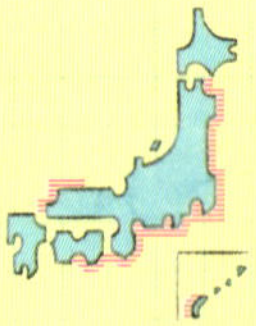

台灣能見處

＊東沙群島也可見

渡瀨眶燈魚為深海魚，身體上有許多發光器，又會被稱為「燈籠魚」、「七星魚」或「光魚」。到了夜晚，牠們會追逐浮游動物、游到接近海面的地方。這種魚的鱗片很容易脫落，因捕撈時主要會用底拖網，魚在進入網子後大部分的鱗片都會掉落，導致看起來很像裸體。

拉氏狼牙鰕虎

ㄌㄚ ㄕˋ ㄌㄤˊ ㄧㄚˊ ㄒㄧㄚ ㄏㄨˇ

學名：*Odontamblyopus lacepedii*

長相奇怪到像是外星人

個魚資料

名稱：	拉氏狼牙鰕虎
分類：	鱸形目鰕虎科
體長：	30公分
棲地：	內灣的潮間帶、河口的泥沙底

日本能見處

● 諫早幼幼園 干拓之里 大彈塗魚水族館 等

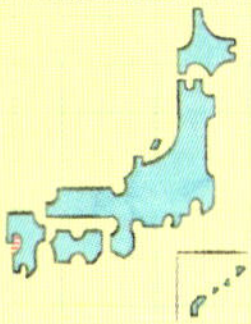

台灣能見處

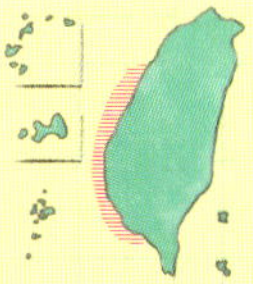

拉氏狼牙鰕虎是一種鰕虎魚，有「狗甘仔」的別名，牠們生活在潮間帶的泥沙中，會在泥裡挖洞居住。這種魚的眼睛非常小，可以說只有一個小點，牠們也幾乎沒有視力。而且因為長相看起來非常奇怪，甚至有人說牠可能是外星人造型的靈感來源，但應該還好吧？

斑點月魚

學名：*Lampris guttatus*

圓圓的身體長得很像曼波魚

啊，是曼波魚！
銀白色的身體
鰭是紅色的
仔細看！我不是曼波魚……

被說是美人魚原型的皇帶魚

在斑點月魚的同類之中，有一種體長可以超過5公尺的皇帶魚，牠們銀色發亮的身體和長長的鰭在游動時非常美麗，有時被認為是美人魚的原型。

從側面來看斑點月魚跟曼波魚有點像，牠們的身體都大大圓圓的。但斑點月魚有曼波魚沒有的腹鰭和尾鰭，因此牠們完全是兩種不同的生物。斑點月魚會像揮翅膀一樣拍動大胸鰭，在深海中自在的悠遊。牠們能在深海中自在移動的原因，是因為牠們的鰓裡有一套特殊血管系統，可以防止體溫下降，讓牠們在寒冷的深海中還能保持活躍地游動。斑點月魚的別名是「月魚」、「花點三角仔」、「紅皮刀」等。

個魚資料

名稱：斑點月魚

分類：月魚目月魚科

體長：1.7公尺

棲地：外海

日本能見處

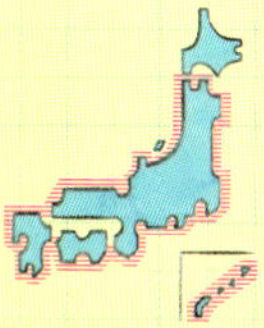

台灣能見處

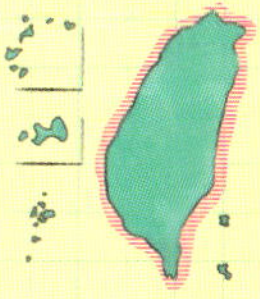

躄魚

學名：*Antennarius spp.*

明明是釣魚能手
卻因動作緩慢受歡迎

如、如果我拿出真本事的話……
好悠哉喔～
如同忍者般不顯眼的體色
好可愛喔～

壁魚有「五腳虎」或「葡搭屎尖」等俗名，牠們的背鰭有一部分長得很像誘餌，在海中移動時，看起來就像是沙蠶等小魚的食物。由於體色與周圍環境相似，小魚察覺不到壁魚的本體，因此會被具有欺騙性的誘餌吸引，等到牠們靠得夠近之後，壁魚就會張開大口快速地把小魚吞下。

壁魚的游泳能力蠻差的，牠們會靠胸鰭和腹鰭在水底如行走般移動，因為像在走路的樣子很可愛，在水族館中十分受歡迎。

個魚資料

名稱：壁魚

分類：鮟鱇目躄魚科

體長：16公分

棲地：岩礁、沙底

日本能見處

- 竹島水族館
- 沼津港深海魚水族館 等

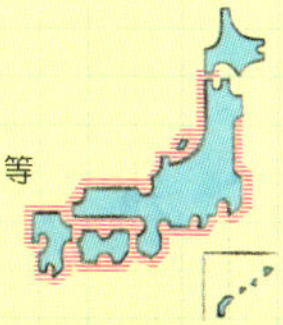

台灣能見處

- 亞太水族中心
- 澎湖水族館（不定期）
- 遠雄海洋公園

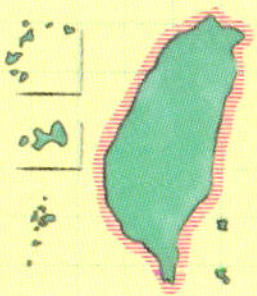

用擬餌引誘小魚靠近是牠引以為傲的本事

頭上的長桿狀器官是背鰭變形而來，桿的末端有著像小魚餌的誘餌。

攝影／內野啓道

太平洋鯡魚

學名：*Clupea pallasii*

僅靠賣魚
蓋起了豪宅
付出的代價是
消失的魚群

大豐收
大豐收
乍看之下很像
沙丁魚

在一九四〇年代以前的日本，太平洋鯡魚每年的捕獲量可以達到驚人的一百萬噸，北海道一側的日本海是主要捕撈地，每年春天時都有無數漁船捕撈前來產卵的鯡魚群，當時的漁業因鯡魚而生機勃勃、欣欣向榮。在鯡魚豐收的漁港附近，甚至建有被稱為「鯡魚御殿」的豪宅。然而，到了二十一世紀，太平洋鯡魚的捕獲量銳減至每年四千噸，與過去相比大幅減少，現在在日本內銷售的鯡魚都是進口的。雖然鯡魚數量急劇減少的原因尚不明確，但大量捕撈造成的影響肯定是毋庸置疑。

個魚資料

名稱：太平洋鯡魚

分類：鯡目鯡科

體長：35公分

棲地：沿岸

日本能見處

- 小樽水族館
- 海遊館 等

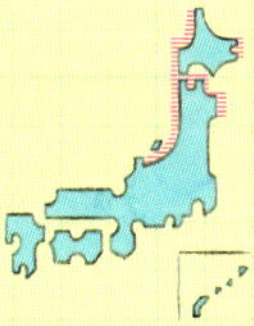

台灣能見處

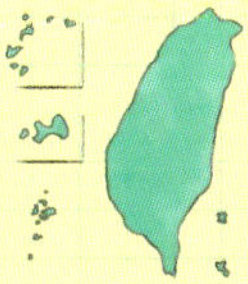

＊台灣海域無分布

魚類學家閒談

與農業不同，漁業屬於一種狩獵活動，因此必須注意維持生態平衡，不然魚類沒辦法留下足夠的後代延續族群，數量就會越來越少。只要保持適量的捕撈、不貪求眼前的漁獲量，就能持續享用美味的魚類。然而，人類現在顯然捕撈過度，如果繼續這樣下去，有一天可能會無魚可吃。

紅金眼鯛

學名：*Beryx splendens*

在沒人知道牠的美味之前

常常被漁民丟棄

魚類學家閒談

紅金眼鯛雖然名字裡有一個「鯛」，但實際上跟鯛魚沒什麼關係，牠們屬於金眼鯛科。有趣的是，居住在日本的鯛科魚類僅有13種，但有360種魚在明明不是鯛科的情況下，被冠以「○○鯛」的名字。可見日本人對鯛魚的喜愛真的是非比尋常。

個魚資料

名稱：紅金眼鯛

分類：金眼鯛目金眼鯛科

體長：70公分

棲地：沿岸到近海的深海

日本能見處

- 下田海中水族館
- 新江之島水族館
- 新潟市水族館 馬淋匹亞日本海 等

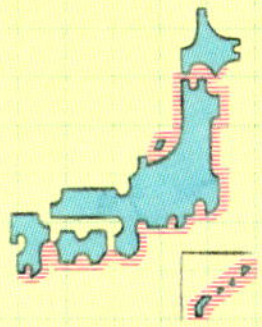

台灣能見處

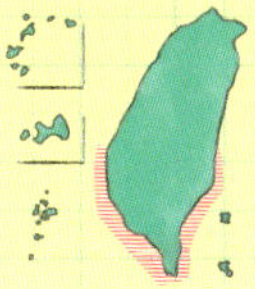

＊東沙群島也可見

紅金眼鯛生活在水深二百至八百公尺的深海，身體呈紅色，具有黃色的大眼睛，有著「紅皮刀」、「紅大目仔」、「紅三角仔」的別名。作為美味的食材，紅金眼鯛現在很受歡迎，但在過去很長的一段時間裡，牠們常常被丟棄。這是因為紅金眼鯛生活在遠洋，從漁船到市場的運輸需要耗費大量時間，在漁船冷凍設備不完善的時代，很難以新鮮的狀態運送上岸。但隨著運輸方式的改善，人們逐漸發現紅金眼鯛的美味，牠因此大翻身，變得大受歡迎，不過還是需要注意避免過度捕撈。

魔鬼蓑鮋

學名：*Pterois volitans*

反而受到潛水員喜愛

兇巴巴地展開威嚇

啊，好漂亮！
褐色與白色的斑馬狀條紋
那傢伙真是死纏爛打

魔鬼蓑鮋擁有巨大的背鰭和胸鰭，體色鮮豔，非常引人注目。其背鰭上的毒刺帶有致命性的毒素，其他魚要是被刺中會導致死亡的後果。擁有這種強力的武器，讓魔鬼蓑鮋很少被其他魚襲擊。牠們的體色美麗，泳姿優雅，也因此深受潛水愛好者的喜愛。當潛水員想要靠近觀察時，魔鬼蓑鮋會將鰭展開進行威嚇，不過因為展開的鰭使牠更加漂亮、有氣勢，不知道牠毒刺威力的人可能會感到非常高興。魔鬼蓑鮋褐色的身體和強大的氣勢，讓牠有「獅子魚」、「翱翔蓑鮋」、「長獅」、「虎魚」等的別名。

個魚資料

名稱：魔鬼蓑鮋

分類：鮋形目鮋科

體長：30公分

棲地：珊瑚礁、岩礁

日本能見處

- 沖繩美麗海水族館
- 洪川海洋水族館（玉野海洋博物館）等

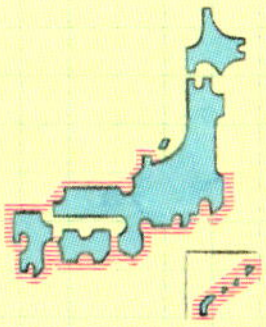

台灣能見處

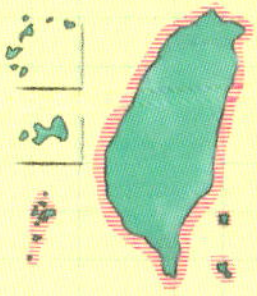

- 澎湖水族館
- 國立海洋生物博物館
- 野柳海洋世界 等

魚類學家閒談

在珊瑚礁區域進行調查時，我曾經遇到過一隻魔鬼蓑鮋。為了捕捉及觀察，我嘗試靠近，結果牠馬上展開了背鰭和胸鰭對我進行威嚇。不過牠沒想到的是，我手上剛好有大網子，於是我小心翼翼地避開毒刺，用網子罩住牠，最後當然成功捕捉。

體型篇

超級比一比！魚類的多樣性

只要有水，魚類可以在地球上的任何地方生存。一直到目前為止，每年平均還可以發現數百種新的魚類。而令人驚奇的是，在包含人類的所有脊椎動物中，體型最小和壽命最長的動物其實都是魚。魚類的多樣性確實令人讚嘆。接下來，我們來比一比這些獨特的魚，讓你實際感受在這個水中世界的魚兒有多不可思議！

最小 鯉魚的同類

9mm

位於印尼蘇門答臘島的淡水裡住著的鯉魚同類，名為「微鯉*Paedocypris progenetica*」，成年魚的體長僅有9毫米。牠是世界上最小的魚，也是世界上最小的脊椎動物。

最大 鯨鯊

18m

最大的魚是全長約18公尺的鯨鯊（見第58頁）。和上面提到的世界最小魚相比，其大小落差超過2000倍。如果以人類為例，鯨鯊相當於是比富士山還大的巨人。

壽命篇

最長 格陵蘭鯊

推定約400年

生活在北大西洋的格陵蘭等地區的格陵蘭鯊，據調查發現其壽命約為400年。牠的生長非常緩慢，據說從出生成長到能夠繁殖的成年期，總共需要花約150年的時間。

最短 蝦虎魚的同類

3個月內

在珊瑚礁中生活的蝦虎魚的同類，名為「鼻磨蝦虎魚*Trimma nasa*」，在一個半月內就能成熟，壽命約為三個月。由於壽命很短，在短短一年內至少可以繁衍出五代。

棲息環境篇

深海
霍氏角鮟鱇、寬咽魚、皺鰓鯊等

冷冽、黑暗的深海對生物來說是一個嚴苛的環境。在這樣的環境下生活的深海魚，外觀常常十分奇特，生活習性也仍是未解之謎，這種神祕感逐漸引發人們強烈的好奇心，因此近年來牠們變得非常受歡迎。

珊瑚礁
鋸尾副革單棘魨、棘頭副葉鰕虎、花斑擬鱗魨等

溫暖的海域中遍布著色彩斑斕的珊瑚礁。生活在那裡的熱帶魚多數色彩鮮艷，讓人目不暇給、驚嘆連連。

岩礁
海馬、蠕紋裸胸鯙、金黃突額隆頭魚等

表面崎嶇的海底岩石，和珊瑚礁一樣，成為海洋生物們的藏身之處。生活在岩礁和珊瑚礁中的魚類其實非常多喔！

潮間帶 大彈塗魚、拉氏狼牙鰕虎等

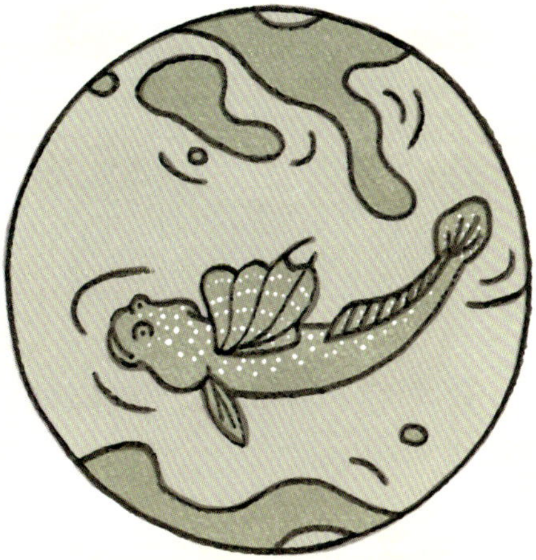

海岸在退潮時出現的沙泥地稱為潮間帶，這裡居住著鰕虎魚等魚類。尤其是日本最大的潮間帶——有明海，擁有許多僅在該地區生存的特有種。

沙地 牙鮃、玉筋魚、花園鰻等

在被沙子覆蓋的海底，可以看到一些魚類隱藏在沙子裡，或在沙中挖洞生活。

河川、湖泊、沼澤 鯉魚、扁吻鮈、細鱗鱎等

除了鯉魚和青鱂魚這樣一生都活在淡水中的魚類外，還有像鮭魚一樣小時候生活在河流中，成年後游向海洋的魚類。此外，日本最大的湖泊——琵琶湖，擁有十分獨特的生態系統，也誕生了許多魚類。

令人大開眼界的魚類索引

參考文獻
《頑強的魚兒們》松浦啓一 著（KADOKAWA）《小學館的圖鑑NEO新版 魚》井田齊、松浦啓一 監修（小學館）
《POPLARDIA大圖鑑 WONDA魚》瀨能宏 監修（POPLAR社）

ㄗ ㄘ ㄙ

ㄚ ㄧ ㄨ ㄩ

ㄓ ㄕ ㄖ

謝詞

本書的製作過程中，得到了許多人的幫助。特別感謝安房田智司先生、內野啓道先生、大方洋二先生、佐藤圭一先生、畑啓生先生、G.D. Johnson先生、M.J. Miller先生提供寶貴的照片。感謝齋藤梓美女士以幽默的插畫描繪了魚類的特徵。感謝若井夏澄女士設計了精美的版面。感謝ExKnowledge的狩谷惠子女士從企劃階段到出版的支持。若沒有這些人的協助，本書是無法出版的。在此衷心表示感謝。

嚴選！

日本＆台灣的水族館名單

以下為日本與台灣各地展示登場魚類的水族館或設施。有的水族館規模較大，飼養許多不同的魚類；有的水族館則規模較小，以充滿特色的展示為魅力。讓我們一起出發，去拜訪這些可愛的魚類吧！由於有可能臨時休館，請先上官網確認水族館的營業時間，以及最新公布的票價資訊，才能安心出發。

日本

北海道・東北

青森縣營淺蟲水族館
地址：039-3501 青森県青森市大字浅虫字馬場山1-25
☎017-752-3377
官網：http://asamushi-aqua.com/
開館時間：9:00～17:00（入館至16:30）
※連假時可能會延後閉館
休館日：全年無休

秋田市大森山動物園
地址：010-1654 秋田県秋田市浜田字潟端154
☎018-828-5508
官網：https://www.city.akita.lg.jp/zoo/
開館時間：9:00～16:30（入館至16:00）
※1～2月僅有六日與國定假日開園（10:00～15:00）
休館日：12月、1/1～1/3、1～2月平日、3/1～3月的第3個週五

海藍寶石福島水族館
地址：971-8101 福島県磐城市小名浜字辰巳町50
☎0246-73-2525
官網：https://www.aquamarine.or.jp/
開館時間：9:00～17:30（入館至16:30）
※12～3月20日至17:00
休館日：全年無休

小樽水族館
地址：047-0047 北海道小樽市祝津3-303
☎0134-33-1400
官網：https://otaru-aq.jp/
開館時間：9:00～17:00（入館至16:30）
※連假時可能會延後閉館
休館日：11月下旬～12月中旬、2月下旬～3月中旬

鮭魚的故鄉 千歲水族館
地址：066-0028 北海道千歳市花園2-312
☎0123-42-3001
官網：https://chitose-aq.jp/
開館時間：99:00～17:00
休館日：元旦、1月下旬

標津鮭魚科學館
地址：086-1631 北海道標津郡標津町北1条西6-1-1-1（標津鮭魚公園內）
☎0153-82-1141
官網：http://s-salmon.com/
開館時間：9:00～17:00（入館至16:30）
※連假時可能會延後閉館
休館日：5～10月無休館、2～4月、11月週三公休（遇國定假日則為翌日）、12～1月休館

仙台海洋森林水族館
地址：983-0013 宮城県仙台市宮城野区中野4-6
☎022-355-2222
官網：http://www.uminomori.jp/umino/
開館時間：9:00～17:30（入館至17:00）
※可能依季節變動
休館日：全年無休

登別尼克斯海洋公園
地址：059-0492 北海道登別市登別東町1丁目22
☎0143-83-3800
官網：https://www.nixe.co.jp/
開館時間：9:00～17:00（入館至16:30）
休館日：4月約有五天休園

關東・甲信越

海洋世界茨城縣大洗水族館
地址：311-1301 茨城県東茨城郡大洗町磯浜町8252-3
☎029-267-5151
官網：http://www.aquaworld-oarai.com/
開館時間：9:00～17:00（入館至16:00）
※可能依季節不同
休館日：6、12月不定期休館（須先洽詢）

葛西臨海水族園
地址：134-8587 東京都江戸川区臨海町6-2-3
☎03-3869-5152
官網：https://www.tokyo-zoo.net/zoo/kasai/
開館時間：9:30～17:00（入園至16:00）
休館日：每週三（遇國定假日則為翌日）、元旦

鴨川海洋世界
地址：296-0041 千葉県鴨川市東町1464-18
☎04-7093-4803
官網：http://www.kamogawa-seaworld.jp/
開館時間：可能根據情況變動 ※詳細請見官網
休館日：不定期休館

北陸・東海

魚津水族館
地址：937-0857 富山県魚津市三ケ1390
☎0765-24-4100
官網：http://www.uozu-aquarium.jp/
開館時間：9:00～17:00（入館至16:30）
休館日：12/1～3/15的週一、12/29～1/1

下田海中水族館
地址：415-8502 静岡県下田市3-22-31
☎0558-22-3567
官網：https://shimoda-aquarium.com/
開館時間：9:00～16:30（入館至15:30）
※可能依季節變動
休館日：全年無休

世界淡水魚園水族館 AQUA TOTTO GIFU
地址：501-6021 岐阜県各務原市川島笠田町1453
☎0586-89-8200
官網：https://aquatotto.com/
開館時間：平日9:30～17:00、週末、國定假日9:30～18:00（入館至閉館前1小時）
休館日：全年無休
※可能會依河川環境樂園休館而定

竹島水族館
地址：443-0031 愛知県蒲郡市竹島町1-6
☎0533-68-2059
官網：https://www.city.gamagori.lg.jp/site/takesui/
開館時間：9:00～17:00（入館至16:30）
休館日：每週二（遇國定假日則為翌日）
※若遇連假等假期會開館

東海大學海洋科學博物館
地址：424-8620 静岡県静岡市清水区三保 2389
☎054-334-2385
官網：http://www.umi.muse-tokai.jp/
開館時間：9:00～17:00（入館至16:30）
休館日：每週二（遇國定假日則為翌日）
※連假、年節等會開館

名古屋港水族館
地址：455-0033 愛知県名古屋市港区港町1-3
☎052-654-7080
官網：http://www.nagoyaaqua.jp/
開館時間：3～11月9:30～17:30、12～3月9:30～17:00（入館至閉館前1小時）
※黃金週、暑假營業至20：00
休館日：每週一（遇國定假日則為翌日）
※黃金週、7～9月、寒假與春假無休館

沼津港深海水族館
地址：410-0845 静岡県沼津市千本港町83
☎055-954-0606
官網：http://www.numazu-deepsea.com/
開館時間：10:00～18:00（入館至17:30）
※夏季、冬季、旺季等可能會有變動
休館日：全年無休（1月可能會有維修休館）

埼玉水族館
地址：348-0011 埼玉県羽生市三田ヶ谷751-1
☎048-565-1010
官網：http://www.parks.or.jp/suizokukan/
開館時間：2～11月9:00～17:00、12～1月9:00～16:30（入館至閉館前30分鐘）
休館日：3月～11月為第一個週一、4月為第二個週一、12月～2月為每週一（遇國定假日順延至下週。）※8月無休館

新江之島水族館
地址：251-0035 神奈川県藤沢市片瀬海岸2-19-1
☎0466-29-9960
官網：https://www.enosui.com/
開館時間：9:00～17:00（入館至16:00）
※可能根據情況變動
休館日：全年無休

陽光水族館
地址：170-8130 東京都豊島区東池袋3-1サンシャインシティワールドインポートマートビル 屋上
☎03-3989-3466
官網：https://sunshinecity.jp/aquarium/
開館時間：春夏9:30～21:00、秋冬10:00～18:00（入館至閉館前1小時）
休館日：全年無休

隅田水族館
地址：131-0045 東京都墨田区押上1-1-2東京スカイツリータウン・ソラマチ5F・6F
☎03-5619-1821
官網：https://www.sumida-aquarium.com/
開館時間：9:00～21:00（入館至20:00）
休館日：全年無休

新潟市水族館瑪淋匹亞日本海
地址：951-8555 新潟県新潟市中央区西船見町5932-445
☎025-222-7500
官網：https://www.marinepia.or.jp/
開館時間：9:00～17:00（入館至16:30）
休館日：12/29～1/1 、3月的第一個週四與其翌日

森之中水族館
地址：401-0511 山梨県南都留郡忍野村忍草3098-1（魚公園内）
☎0555-20-5135
官網：http://www.morinonakano-suizokukan.com/
開館時間：9:00～18:00
休館日：每週二（遇國定假日則為翌日）、12/28～1/1

橫濱八景島海洋樂園
地址：236-0006 横浜市金沢区八景島 横浜・八景島シーパラダイス
☎045-788-8888
官網：http://www.seaparadise.co.jp/
開館時間：依據設施和日期有所不同。
※詳細請見官網
休館日：全年無休

中國

宮島水族館
地址：739-0534 広島県廿日市市宮島町10-3
☎0829-44-2010
官網：https://www.miyajima-aqua.jp/
開館時間：9:00～17:00（入館至16:30）
休館日：全年無休

渋川海洋水族館（玉野海洋博物館）
地址：706-0028 岡山県玉野市渋川2-6-1
☎0863-81-8111
開館時間：9:00～17:00（入館至16:30）
※海水浴場開放期間為 8:30～17:30
休館日：每週三（遇國定假日則為翌日）、1/4、12/29～31

市立下關水族館 海響館
地址：750-0036 山口県下関市あるかぽーと6-1
☎083-228-1100
官網：http://www.kaikyokan.com/
開館時間：9:30～17:30（入館至17:00）
休館日：全年無休

九州、沖繩

鹿兒島水族館
地址：892-0814 鹿児島県鹿児島市本港新町3-1
☎099-226-2233
官網：http://ioworld.jp
開館時間：9:30～18:00（入館至17:00）
※暑假期間的週末至21:00
休館日：12月的第一個週一開始的4天

諫早悠悠樂園 干拓之里 彈塗魚水族館（已停業）
地址：854-003 長崎県諫早市小野島町2232
☎0957-24-6776
官網：http://www.kantakunosato.co.jp/
開館時間：9:30～17:00
休館日：每週一（遇國定假日則為翌日）

沖繩美麗海水族館
地址：905-0206 沖縄県国頭郡本部町石川424
☎0980-48-3748
官網：https://churaumi.okinawa/
開館時間：8:30～18:30（入館至17:30）※3～9月至20:00（入館至19:00）
休館日：12月的第一個週三與隔天

海洋世界海之中道
地址：811-0321 福岡市東区大字西戸崎18-28
☎092-603-0400
官網：https://marine-world.jp/
開館時間：3～11月9:30～17:30、12～2月10：00～17：00（入館至閉館前1小時）
※連假等情況下可能會延後閉館
休館日：2月第一個週一與翌日

能登島水族館
地址：926-0216 石川県七尾市能登島曲町15部40
☎0767-84-1271
官網：https://www.notoaqua.jp/
開館時間：3/20～11/30為9:00～17:00、12/1～3/19～3月為9：00～16 :30（入館至閉館前30分）休館日：12/29～31

東山動植物園世界的青鱂魚館
地址：464-0804 愛知県名古屋市千種区東山元町3-70
☎052-782-2111
官網：http://www.higashiyama.city.nagoya.jp/
開館時間：9:00～16:50（入館至16:30）
※連假等情況下可能會延後閉館
休園日：每週一（遇國定假日則為翌日）、12/29～1/1

關西

海遊館
地址：552-0022 大阪府大阪市港区海岸通1-1-10
☎06-6576-5501
官網：https://www.kaiyukan.com/
開館時間：10:00～20:00（入館至閉館前1小時）
※可能依季節變動
休館日：不定期休館

京都水族館
地址：600-8835 京都府京都市下京区観喜寺町35-1（梅小路公園内）
☎075-354-3130
官網：https://www.kyoto-aquarium.com/
開館時間：4～10月9:30～18:00、11～3月9:30～17:00（入館至閉館前1小時）
※可能根據情況變動
休館日：全年無休

串本海中公園
地址：649-3514 和歌山県東牟婁郡串本町有田1157
☎0735-62-1122
官網：http://www.kushimoto.co.jp/
開館時間：9:00～16:30（入館至16:00）
※長假等情況下可能會延長
休館日：全年無休

志摩海洋公園（已停業）
地址：517-0502 三重県志摩市阿児町神明723-1（賢島）
☎0599-43-1225
官網：https://www.kintetsu.co.jp/leisure/shimamarine/
開館時間：9:00～17:00（入館至16:30）
※可能依季節變動
休館日：全年無休

姬路市立水族館
地址：670-0971 兵庫県姫路市西延末440（手柄山中央公園内）
☎079-297-0321
官網：https://www.city.himeji.lg.jp/aqua/
開館時間：9:00～17:00（入館至16:30）
休館日：每週二（遇國定假日則為翌日）、12/29～1/1

東部

遠雄海洋公園
地址：974 花蓮縣壽豐鄉福德189號
☎038123199
官網：https://www.farglory-oceanpark.com.tw/
開館時間：平日9:30～17:00、假日/國定假日/連假/暑假9:00～17:00
※售票截止、停車場停止開放與最後入園時間為營業結束前 2 小時
※春節營業時間請參考官網
休館日： 全年無休

離島

澎湖水族館
地址：88442 澎湖縣白沙鄉岐頭村58號
☎069933006
官網：https://www.penghu-aquarium.com/
開館時間：9:00～17:00
休館日：全年無休

小琉球海洋館
地址：929 屏東縣琉球鄉三民路1-100號
☎0928782731
官網：FB「小琉球-諾亞方舟」
開館時間：8:30～17:00
休館日：全年無休
※特殊情況及年節期間請參閱官網

北部

野柳海洋世界
地址：207 新北市萬里區港東路167-3號
☎0224921111
官網：http://www.oceanworld.com.tw/
開館時間：平日9:00～17:00、假日9:00~17:30
休館日：全年無休

國立海洋科技博物館／潮境智能海洋館
地址：202010 基隆市中正區北寧路369巷61號
☎0224696000
官網：https://iocean.nmmst.gov.tw/
開館時間：週二至週日9:00～17:00，最後售票時間為16:00
休館日：除夕與每週一固定休館
※暑期週一無休館、假日開放時間及最後售票時間延後一小時
※逢國定假日或連續假期請參考官網資訊

金車水產養殖研發中心
地址：262 宜蘭縣礁溪鄉淇武蘭路162-13號
☎039889400
官網：https://www.kingcarbiotech.com.tw/
開館時間：8:00～17:00
休館日：全年無休

XPark
地址：320 桃園市中壢區春德路105號
☎ 032875000
官網：https://www.xpark.com.tw/
開館時間：10:00～18:00最終入場時間為閉館前1小時
※適逢假期或特殊活動營業時間變動請參閱官方粉專
休館日：全年無休

南部

國立海洋生物博物館
地址：944 屏東縣車城鄉後灣路2號
☎088825678
官網：https://www.nmmba.gov.tw/
開館時間：9：00～17：30
※7-8月及春節期間營業時間調整請參閱官網
※停止售票及入館時間為閉館前一個小時
休館日：全年無休

亞太水族中心
地址：908 屏東縣長治鄉園西一路2號
☎087620163
官網：https://www.atp.gov.tw/CHT/Default.aspx
開館時間：9:00～17:00
休館日：週一休館

台灣廣廈國際出版集團
Taiwan Mansion International Group

國家圖書館出版品預行編目（CIP）資料

令人大開眼界的趣味魚圖鑑：超狂生存奧祕與爆笑日常！奇特生態×野蠻習性×荒唐行為，79種另類水中生物大公開/松浦啓一著；王豫譯.
-- 新北市：美藝學苑出版社, 2025.07
160面；17×23公分
ISBN 978-986-6220-92-0(平裝)

1.CST: 魚類 2.CST: 動物圖鑑 3.CST: 通俗作品 4.CST: 日本

388.5025　　114005236

美藝學苑

令人大開眼界的趣味魚圖鑑

超狂生存奧祕與爆笑日常！奇特生態×野蠻習性×荒唐行為，79種另類水中生物大公開

作　　者／松浦啓一
審　　訂／廖運志
譯　　者／王豫
編輯中心總編輯／蔡沐晨・編輯／孫彩婷
封面設計／林珈伃・台灣地圖設計／陳沛涓
內頁排版／菩薩蠻數位文化有限公司
製版・印刷・裝訂／東豪・弼聖・秉成

行企研發中心總監／陳冠蒨
媒體公關組／陳柔彣
綜合業務組／何欣穎

發 行 人／江媛珍
法律顧問／第一國際法律事務所 余淑杏律師・北辰著作權事務所 蕭雄淋律師
出　　版／台灣廣廈
發　　行／台灣廣廈有聲圖書有限公司
地址：新北市235中和區中山路二段359巷7號2樓
電話：（886）2-2225-5777・傳真：（886）2-2225-8052

代理印務・全球總經銷／知遠文化事業有限公司
地址：新北市222深坑區北深路三段155巷25號5樓
電話：（886）2-2664-8800・傳真：（886）2-2664-8801
郵政劃撥／劃撥帳號：18836722
劃撥戶名：知遠文化事業有限公司（※單次購書金額未達1000元，請另付70元郵資。）

■出版日期：2025年07月
ISBN：978-986-622-092-0　